4.赛贝娜
(SABOIA RZ F1)

5.波 德
(BIRDIE RZ F1)

6.佛吉利亚
(VEGLIAE RZ F1)

1

7. 卡巴斯
(CABORCA RZ F1)

8. 百 灵
(ABELLUS RZ F1)

9. 格 雷
(LOGURE RZ F1)

2

10.桃 秀 F1

11.桃 星 F1

12.桃 丽 F1

3

13.好韦斯特
(HARVEST F1)

14.吉 尔
(GILLE F1)

15.安 泰
(FINE F1)

4

16. 美国 4 号
(ALIFOR NIA F1)

17. 戴梦得
(DIAMOND F1)

18. 珊尼娜
(SHANNINA F1)

19. 圣尼娜
(SHENGNINA F1)

20. 瑞德莱特
(RED LANTERN F1)

21. 未来之星
(FUTURE STAR F1)

22.菲利浦
(PHILIP F1)

23.丹 佛
(DENVER F1)

24.西 蒙
(SIMSON F1)

25.FA—1453
(ROSEMARIE F1)

26.FA—1410
(NEELY F1)

27.卡帕瑞
(CAMPARI F1)

8

28.FA−1422
(VERDIANA F1)

29.FA−593
(DOMINIQUE F1)

30.爱莱克拉
(ELECTRA F1)

31.达尼亚拉
(DANIELA F1)

32.FA-832
(COLETTE F1)

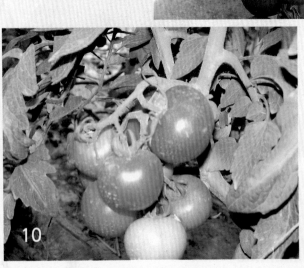

33.FA-1420
(NERISSA F1)

34.FA−189
(ANATH F1)

35.FA−852
(FRANCOISE F1)

36.FA−179
(BRILANTE)

37.FA-870
(ADIGAIL)

38.安达1号
(ANDE F1)

39.安达2号
(ANDA F1)

12

40.红 利
(DON JOSE F1)

41.瑰丽 300
(ROSE 300 F1)

42.粉安娜
(ANNA F1)

13

43.耐莫塔蜜
(NEMO-TAMMI F1)

44.耐莫尼塔
(NEMO-NETTA F1)

45.杰旺德
(JEWELLER F1)

14

46.吉朗达
(GIRONDA F1)

47.美 人
(BEIIE F1)

48.卡拉巴
(CALIBRA F1)

49.佩坦赞
(PITENZA F1)

50.波里蒂
(PRETTY F1)

51.珐 多
(FADO F1)

16

52.新德尔
(CINDEL F1)

53.奇诺亚
(CHENOA F1)

54.凯 莱
(KALLY F1)

17

55.艾玛810
(YUVAL 810 F1)

56.艾玛833
(YUVAL 833 F1)

57.利玛217
(LIMA217 F1)

58.利玛332
(LIMA332 F1)

59.卡依罗
(CAIRO F1)

60.佳丽
(GARRY F1)

19

61.杰 瑞
(JERRY F1)

62.多菲亚
(TROHFEO F1)

63.乐 家
(NOGA F1)

20

64.阿兰卡
(ARANCA F1)

65.金佳丽
(DURINTA F1)

66.美 丽
(YAMILE F1)

67.秀 丽
(SHIRLEY F1)

68.加茜亚
(GRAZIELLA F1)

69.卓 越
(BEATRICE F1)

22

70.汉 克
(HENK F1)

71.爱利卡 (ILIKE F1)

72.櫻 花 (SAKURA F1)

73.阳 光
(SUNSTREAM F1)

23

74.莎乐美
(SALOMEE F1)

75.玛丽莉 (MARILEE F1)

76.吉 娜 (SANTALINA F1)

77.营养果
(EXOTA F1)

引进蔬菜新品种丛书

引进国外番茄
新品种及栽培技术

主 编

徐 坤 潘子龙

编著者

胡永军 陈永智 徐 坤

金盾出版社

内 容 提 要

　　本书由山东农业大学蔬菜专家和山东省寿光市农业专家协会一线技术人员联合编著。作者对近年来从国外引进的番茄新品种中优中选优,遴选出80个性状优异且在生产中表现良好、取得优质高效的番茄品种,具体地介绍了品种来源、特征特性和栽培要点。每个品种均辑有清晰的彩照。本书文字简练通俗,先进性、实用性强,是蔬菜生产者选择引进国外番茄新优品种的指导性实用书籍。适合广大菜农、农业技术推广人员、种子经营业户及农业院校有关专业师生阅读参考。

图书在版编目(CIP)数据

　　引进国外番茄新品种及栽培技术/胡永军等编著 . —北京:金盾出版社,2006.3
　　(引进蔬菜新品种丛书/徐坤,潘子龙主编)
　　ISBN 978-7-5082-3958-3

　　Ⅰ. 引… Ⅱ. 胡… Ⅲ. ①番茄-优良品种②番茄-蔬菜园艺 Ⅳ. S641.2

　　中国版本图书馆 CIP 数据核字(2006)第 009969 号

金盾出版社出版、总发行
北京太平路 5 号(地铁万寿路站往南)
邮政编码:100036 电话:68214039 83219215
传真:68276683 网址:www.jdcbs.cn
彩色印刷:北京百花彩印有限公司
黑白印刷:北京四环科技印刷厂
装订:海波装订厂
各地新华书店经销
开本:787×1092 1/32 印张:4.75 彩页:24 字数:86 千字
2010 年 4 月第 1 版第 4 次印刷
印数:22521—27520 册 定价:8.00 元

序

近年来,随着农村种植结构的调整,我国蔬菜产业迅猛发展,蔬菜产值跃居种植业第二位。据统计,2004年我国蔬菜播种面积达1800万公顷,总产量逾4.8亿吨,年产值逾4700亿元。蔬菜已成为广大农民致富奔小康而种植的重要经济作物。在蔬菜产业快速发展过程中,涌现出了一大批规模效益高、产品质量好、综合技术先进、具有地方特色的蔬菜主产区。山东省寿光市就是其中的典型代表。

寿光市是"中国蔬菜之乡",有"中国最大菜园子"之称。近几年来,随着蔬菜生产的发展,寿光市蔬菜种苗业迅速崛起,特别是随着国外知名种子企业,如荷兰瑞克斯旺和纽内姆、瑞士先正达、美国BHN、以色列海泽拉与泽文、日本米克多、法国威迈及克鲁斯等种子公司相继落户寿光,进口蔬菜品种在国内的影响日益增大,优良品种在蔬菜生产中的作用日益明显。但因种种原因,新品种同种异名现象逐渐增多,尤其是从国外引进的蔬菜品种名称更为混乱。为提高人们对引进蔬菜品种的认识,充分发挥优良品种的生产潜力,金盾出版社邀请山东农业大学和寿光市有关蔬菜专家编写出版了"引进蔬菜新品种丛书"。该丛书编委会成员及作者均长期从事蔬菜教学、科研与技术推广工作,具有较为深厚的理论基础和较丰富的实践工作经验。

该丛书介绍的蔬菜新品种,主要是最近几年从国外知名种子公司引进,并在生产中经过试验示范,实践证明是适于推广应用的优良品种。每一品种均配有照片和文字介绍。丛书分为 5 个分册,每个分册均以品种特征特性为重点,并简明扼要地介绍了品种来源及栽培要点。语言简练,资料新颖,实用性和可操作性强,对生产具有较强的指导作用。因此,该丛书具有一定的权威性,同时具有较强的先进性和实用性,可供广大菜农、农业技术推广人员、种子经营业户及农业院校有关专业师生参考。

我相信该丛书的出版,将为广大菜农选用良种提供可靠的指导,为蔬菜种子经营户带来最新的信息,为蔬菜教学、科研人员和推广人员提供较丰富的品种资源与技术参考。

山东园艺学会理事长　何启伟

2005 年 12 月

前　言

近年来,随着蔬菜产业的快速发展,我国蔬菜种子产业呈现多元化发展的特点,表现在如下3个方面:一是国内蔬菜新品种的选育研究加强;二是地方名特优蔬菜品种的发掘、改良力度加大;三是国外蔬菜新品种的引进数量增加。据不完全统计,目前,仅山东省寿光市引进的国外优良蔬菜新品种已达480余种,进口蔬菜品种已逐步成为寿光市蔬菜生产的主栽品种。买优质蔬菜种子,种高档特色蔬菜,发生产蔬菜的大财,已成为寿光市乃至全国广大菜农的共识。

为了提高人们对国外引进蔬菜新品种的认识,加快优质蔬菜新品种在我国的推广应用,充分发挥优良品种的生产潜力,提高蔬菜产量和品质,进一步促进蔬菜产业的发展,金盾出版社邀请山东农业大学与寿光市农业专家协会一线技术人员编写了"引进蔬菜新品种丛书"。为此,编著者选择了部分性状优良、生产示范表现良好、有一定推广面积的蔬菜新品种,按蔬菜种类分为《引进国外番茄新品种及栽培技术》、《引进国外辣椒新品种及栽培技术》、《引进国外茄子新品种及栽培技术》、《引进国外黄瓜新品种及栽培技术》、《引进台湾西瓜甜瓜新品种及栽培技术》等5个分册。

该丛书采用图文结合的方式,介绍了蔬菜新品种的来源、特征特性及栽培要点。语言通俗简练,内容丰富新颖,图片清晰自然,实用性强,读者一看就懂,一学就会。可供广大菜农、农业技术推广人员、种子经营业户及农业院校有关专业师生参考。

需要说明的是,本丛书所介绍的蔬菜品种特征特性,主要以引种和销售单位的品种介绍为依据,并根据其在栽培中的表现加以描述;品种的栽培要点主要以种子经销单位提供的栽培要点为基础,根据寿光菜农的种植经验和编著者的生产实践加以综合编写而成。由于各地气象条件、生产条件、栽培技术、市场喜好等差别较大,书中所介绍的内容仅供参考。各地引种时,应根据当地生产实际,参考应用书中所介绍品种的特征特性和栽培要点,探索适合于当地特点的配套栽培技术。

丛书在编写过程中,得到了一些国外种子公司驻寿光市办事处、当地种子经营业户及基层农业技术推广部门的支持和帮助,在此一并谨致谢意。

由于编著者水平有限,书中难免有疏漏或错误之处,特别是某些品种图片直接从农户的日光温室或大棚中摄取,可能不能完全代表其典型特征,敬请品种来源单位谅解,并欢迎广大读者批评指正。

为便于新品种的推广,方便广大菜农引种试种,欲购种者可与引种单位或寿光市农业专家协会联系。

联系地址:山东省寿光市菜都路289号

邮政编码:262700

联系电话:0536-5228508　0536-5809806

编 著 者
2005.10

一、玛瓦(MELVIN RZ F1)

【品种来源】 从荷兰瑞克斯旺(RIJK ZWAAN)引进。

【特征特性】 为无限生长型。果实扁圆形,大红色,口味好。中大型果,平均单果重 200～230 克。果实硬,耐运输,耐贮藏。抗烟草花叶病毒病、枯萎病,耐筋腐病。中熟,丰产性好。周年栽培每 667 平方米产 20 000 千克以上。适合于秋、冬和早春季节日光温室栽培。

【栽培要点】

1. 栽培方式 每 667 平方米定植 1 700～2 000 株。高垄双行,垄面宽 100 厘米左右,垄高 15 厘米,垄面间距 50 厘米,株距 40～50 厘米。定植前施足基肥,一般每 667 平方米施用腐熟有机肥 10 000 千克左右,氮磷钾三元复合肥 100 千克左右。其他品种可参考此用量施用。

2. 环境调控

(1)温度 定植后白天温度控制在 28℃～30℃,夜间 15℃左右。缓苗后白天保持 26℃～27℃,夜间 14℃～16℃。结果期白天 20℃～25℃,前半夜 13℃～15℃,后半夜 7℃～10℃;地温 18℃～20℃,一般以不低于 15℃为宜。

(2)光照 日光温室要使用聚氯乙烯无滴膜,尽量早揭晚盖草苫。

3. 肥水管理 在施足基肥的基础上适当进行追肥。追肥原则,掌握前期适当施氮肥,中后期开花结果应以复合肥为主。一般在定植缓苗后 7～10 天开始进行第一次追肥,每 667 平方米用 10%～25% 腐熟粪水 1 000～1 200 千克浇施。

第二次追肥于第一穗果开始膨大后进行,每 667 平方米施复合肥 20～35 千克。以后一般每隔 10～15 天追施复合肥10～15 千克。大量坐果时,可用 0.2%磷酸二氢钾进行叶面追肥。生长初期需水较少,结果期需水量大,每隔 4～5 天浇水 1 次。

4. 植株调整

(1)吊架　当植株高度达 30～40 厘米时应用吊绳吊架引蔓。

(2)整枝　单秆整枝。为集中上市,可提前留 7～8 穗果掐头,以后每 2～3 穗果掐头 1 次。为提前换茬,也可留 7～10 穗果后打头集中采收。每穗留果 3～5 个。

(3)保花保果　用防落素保花保果,一般用防落素 25～40 毫克/千克,在花期喷花或涂抹花柄。

5. 病虫害防治　主要注意防治叶霉病、晚疫病和美洲斑潜蝇、白粉虱。

二、百利(BERIL RZ F1)

【**品种来源**】　从荷兰瑞克斯旺(RIJK ZWAAN)引进。

【**特征特性**】　为无限生长型。植株长势旺盛,坐果率高,丰产性好,耐热,在高温、高湿条件下能正常坐果。果实大红色,圆形,单果重 180～200 克。色泽鲜艳,口味极佳。无裂纹、无青肩现象。质地硬,耐运输,耐贮藏。适合于出口和外运。抗烟草花叶病毒病、枯萎病等。适宜北方日光温室越夏栽培或南方露地栽培。

【栽培要点】

1. 栽培方式 每 667 平方米保苗 1 900～2 000 株,株距 45 厘米,平均行距 75 厘米。定植前施足基肥。

2. 环境调控

(1)温度 一般昼温控制在 26℃～30℃,夜温 20℃～24℃。越夏季节为了降低棚内温度和光照,可在棚膜上加盖遮阳网。

(2)湿度 通过地面覆盖、滴灌或暗灌、通风排湿、温度调控等措施,尽可能把棚室内的空气湿度控制在适宜范围内。

3. 肥水管理 缓苗后抓紧中耕松土,划土保墒。之后,浇"过膛水",浇水后及时中耕。当每穗果长到鸡蛋大小时,结合浇水,每 667 平方米追施钾宝 2～3 次,每次 8～10 千克,以后每坐住 1 穗果追肥 2～3 次,用量同前。并保持土壤干湿度均匀。另外,每 10～15 天叶面追肥 1 次,可喷 0.3%磷酸二氢钾或尿素溶液等。

4. 植株调整

(1)整枝 单秆整枝。主枝留 6 穗果去顶,然后留侧枝继续生长,侧枝留 4～6 穗果去顶。或主枝第五、第六花序出现后,留 2～3 片叶去顶。第一穗留果 3～4 个,第二穗以上留 4～5 个。

(2)保花保果 开花后需用 20 毫克/千克的 2,4-D 或 30 毫克/千克防落素加 5 毫克/千克的赤霉素混合液蘸花保果。

5. 病虫害防治 在病虫害防治中,一定要按照"预防为主,综合防治"的原则。在病害发生前,及早地有针对性地进行防治,可按照病害发生时间,每隔 10～15 天,高质量地预防 1 次。

三、卡特琳娜（KATERINA RZ F1）

【品种来源】 从荷兰瑞克斯旺（RIJK ZWAAN）引进。

【特征特性】 为无限生长型。果实大红色，圆形，中型果。单果重 180～200 克。质地硬，耐运输，耐贮藏。适合于出口和长途运输。抗烟草花叶病毒病、根结线虫病和枯萎病，耐筋腐病。早熟，丰产。生长势中等。耐寒、耐热性好，适应性广。适于早春和晚秋栽培，也可以越夏栽培。

【栽培要点】

1. 栽培方式 每 667 平方米定植 1800～2000 株。大小行种植，大行距 80 厘米，小行距 70 厘米，株距 40～50 厘米。定植前施足基肥。

2. 环境调控

（1）温度 缓苗前温度保持在 28℃～30℃；缓苗后白天控制在 20℃～25℃，夜间 15℃左右；结果后白天控制在 20℃～25℃，前半夜 13℃～15℃，后半夜 10℃～12℃，最低不低于 8℃；地温控制在 18℃～20℃，一般不低于 15℃。主要通过揭盖草苫、通风等措施来实现所要求的温度。

（2）光照 日光温室后墙张挂反光幕，及时揭盖草苫，尽量延长光照时间。阴雪天气，也要揭开草苫，使植株接受散射光。

3. 肥水管理 要注意前控、中促、后攻。定植至缓苗期，不干不浇水，可用 0.2%尿素和 0.2%磷酸二氢钾混合液进行叶面追肥，以促进早缓苗。缓苗至第一花序果实膨大时，追施 1～2 次稀粪水提苗；第一穗果有核桃大小至第四穗果刚开花后,注意重追肥,重浇膨果水,每隔 10 天每 667 平方米追施尿素和硫酸钾各8～10 千克。第一穗果实从发白至采摘,每隔 7 天浇 1 次水,同时叶面喷施 0.2%尿素和 0.3%磷酸二氢钾混合液。

4. 植株调整

(1)吊架　当植株高度为 30～40 厘米时,用塑料绳吊架引蔓。

(2)整枝　单秆整枝,每株留 7～10 穗果后掐头,每穗留果3～4 个。

(3)保花保果　花期用 25～40 毫克/千克防落素喷花或涂抹花柄。注意抹花柄时每穗至少要抹 3～4 个,以使坐果整齐。

5. 病虫害防治　主要注意防治晚疫病、灰霉病、叶霉病、早疫病和蚜虫、白粉虱。

四、赛贝娜(SABOIA RZ F1)

【品种来源】　从荷兰瑞克斯旺(RIJK ZWAAN)引进。

【特征特性】　为无限生长型。果实圆形,大红色,口味好。中大型果。单果重 200～250 克。质地硬,耐贮藏,适合于出口。抗烟草花叶病毒病、叶霉病和根结线虫病。早熟,丰产性好,适合于早秋和早春季节温室或大棚栽培。

【栽培要点】

1. 栽培方式　每 667 平方米定植 2 000 株左右。高垄双行,垄面宽 100 厘米左右,垄高 15 厘米,垄面间距 50 厘米,株距 40～50 厘米。定植前施足基肥。

2. 环境调控

(1)温度　缓苗前白天温度控制在 28℃～30℃,超过30℃时要通风;夜间温度控制在 15℃～18℃。缓苗后,白天温度控制在 27℃～28℃,超过 28℃时要通风;前半夜控制在15℃～18℃,后半夜 10℃～12℃。进入结果期后,室内白天温度控制在 25℃～28℃,前半夜温度控制在 14℃～18℃,后半夜温度控制在 10℃～13℃。果实着色期白天温度控制在24℃～26℃,夜间 15℃～17℃,地温控制在 15℃以上。

(2)湿度　空气相对湿度以控制在 65%～70% 为宜,在管理上避免浇明水,浇水或喷药后应及时通风排湿。

3. 肥水管理　从定植至第一穗果坐住,施 1 次提苗肥,每 667 平方米施磷酸二铵 25～30 千克,补小水 1～2 次。从第一穗果至第五穗果坐住,约每 15 天随水施肥 1 次,每次随水冲施硝铵 4～5 千克,硫酸钾 5～9 千克。果实采收期间,每15～20 天随水追肥 1 次。每次每 667 平方米追施硝铵 15 千克,腐殖酸 2 千克。

4. 植株调整

(1)吊架　定植半个月后用尼龙绳吊架引蔓。

(2)整枝　单秆整枝,开花前不打杈,如打杈太早,不利于根系生长。开花后,将侧枝全部去掉,打杈不能过早,一般去寸杈较为适宜。

(3)保花保果　用番茄灵保花保果。按说明书配好 25～50 毫克/千克番茄灵药液。将开有 3～4 朵花的花穗在药液中浸蘸一下,用小碗接住从花序上流下来的药液。

5. 病虫害防治　生长期间注意预防灰霉病、晚疫病、病毒病和粉虱、斑潜蝇、蚜虫。

五、波德（BIRDIE RZ F1）

【品种来源】 从荷兰瑞克斯旺（RIJK ZWAAN）引进。

【特征特性】 为无限生长型。果实大红色，圆形，大型果。单果重 200～220 克。色泽鲜艳，口味好。质地硬，耐运输，耐贮藏，适合于出口和长途运输。在山东省种植坐果率高，平均每穗有 4～6 个果。抗烟草花叶病毒病、根结线虫病和枯萎病。丰产性好，周年栽培每 667 平方米产量达 20 000 千克以上。

【栽培要点】

1. 栽培方式 每 667 平方米定植 1 600～1 800 株。高垄双行，垄面宽 100 厘米左右，垄高 15 厘米，垄面间距 50 厘米，株距 40～50 厘米。定植前施足基肥。

2. 环境调控

（1）温度 定植后 5～7 天温室不通风，以提高温度，促进缓苗。缓苗后，白天保持在 20℃～25℃，超过 25℃ 要通风，降到 20℃ 要闭风，15℃ 左右覆盖草苫；前半夜温度控制在 15℃以上，后半夜温度控制在 10℃～13℃；进入结果期后，白天温度控制在 25℃～28℃，晚上温度控制在 10℃～13℃。

（2）光照 覆盖聚氯乙烯无滴膜，并注意清洁膜面，增加射入光照。尽量早揭晚盖草苫，延长光照时间。

3. 肥水管理 在浇透定植水、施足基肥的基础上，开花前一般不浇水、不追肥，以免引起徒长。严重缺水时应少浇。当果实有乒乓球大小时，开始浇水、追肥，约每 15 天随水施肥 1 次，每次每 667 平方米浇水量为 6～8 立方米，追施硝铵

10～15千克,腐殖酸1～2千克。果实采收期间,每15～20天随水追肥1次,一般每667平方米每次冲施氮磷钾复合肥10～15千克,腐殖酸1～2千克。

4. 植株调整

(1)吊架 在植株生长到一定高度时及时用绳子吊架引蔓。

(2)整枝 单秆整枝,将侧枝全部摘除,留7～10穗果掐头,一般每个花序留果3～4个。

(3)保花保果 用25～30毫克/千克防落素对准半开至全开的花朵喷洒1次即可。

5. 病虫害防治 发现病毒病苗及时拔除。在保护地中要注意防治晚疫病和叶霉病。

六、佛吉利亚(VEGLIA RZ F1)

【品种来源】 从荷兰瑞克斯旺(RIJK ZWAAN)引进。

【特征特性】 为无限生长型。果实扁圆形,大红色,口味好。中大型果,平均单果重200～230克。果实硬,耐运输,耐贮藏。抗烟草花叶病毒病、根结线虫病、叶霉病和枯萎病。早熟,丰产性好。周年栽培每667平方米产量达20 000千克以上。适合于秋、冬和早春季节日光温室栽培。

【栽培要点】

1. 栽培方式 每667平方米定植1 800～2 000株。高垄双行,垄面宽100厘米左右,垄高15厘米,垄面间距50厘米,株距40～50厘米。定植前施足基肥。

2. 环境调控

(1)温度　缓苗期室内白天适宜气温为 28℃～30℃,夜间为 18℃～20℃,10 厘米地温为 20℃～22℃。缓苗后,室内气温白天为 26℃,夜间为 15℃;花期白天气温为 26℃～30℃,夜间为 18℃;坐果后,白天气温为 26℃～30℃,夜间为 18℃～20℃。越冬期要注意防寒保温,日光温室可覆盖保温被或草苫,阴天温度管理可比正常天气低 3℃～5℃。

(2)湿度　通过浇暗水、适时通风、阴天防治病害时用烟雾剂和粉剂等措施,使空气相对湿度尽量控制在 50%～65%。

3. 肥水管理　从定植至第一穗果坐住,施 1 次提苗肥,每 667 平方米施硫酸钾复合肥 20～25 千克,浇小水 1～2 次。从第一穗果至第五穗果坐住,约每 15 天随水施肥 1 次,每次每 667 平方米追施硝铵 3～5 千克,硫酸钾 6～9 千克。果实采收期间,每 15～20 天随水追肥 1 次。每次每 667 平方米追施硝铵 12 千克,腐殖酸 2 千克。

4. 植株调整

(1)吊架　第一花序开花后及时搭架,用尼龙绳吊架引蔓。

(2)整枝　单秆整枝,及时抹除所有侧枝,做到"杈不过寸"。每株留 7～10 穗果,在最后一穗果之上留 2～3 片叶打头。每穗留果 3～4 个。

(3)保花保果　花期用 25～40 毫克/千克防落素喷花或涂抹花柄。

5. 病虫害防治　生长期间注意预防早疫病、晚疫病、病毒病、灰霉病、白粉虱、美洲斑潜蝇和蚜虫。

七、卡巴斯(CABORCA RZ F1)

【品种来源】 从荷兰瑞克斯旺(RIJK ZWAAN)引进。

【特征特性】 为无限生长型。果实扁圆形,大红色,口味好。中大型果,平均单果重200～250克。果实硬,耐运输,耐贮藏。抗烟草花叶病毒病、叶霉病和枯萎病。早熟,丰产性好。周年栽培每667平方米产量达20 000千克以上。适合于秋、冬季温室栽培。

【栽培要点】

1. 栽培方式 每667平方米定植1 900～2 000株。高垄双行,垄面宽100厘米左右,垄高15厘米,垄间距50厘米,株距40～50厘米。定植前施足基肥。

2. 环境调控

(1)温度 定植后应保持较高温度,以利于促进缓苗。进入缓苗期后保持温度20℃～25℃,夜间注意保温。进入开花结果期后,温度保持在25℃～28℃。随着外界气温升高,白天应注意通风,防止气温过高影响开花受精。

(2)湿度 空气相对湿度以控制在65%～70%为宜。在管理上避免浇明水,浇水后及时通风。喷药后及时通风排湿,阴天防治病害时喷烟雾剂和粉尘剂,不用水剂喷洒。

3. 肥水管理 从定植至第一穗果坐住,施1次提苗肥。每667平方米施绿营高生态肥25～30千克,浇小水1～2次。从第一穗果至第五穗果坐住,每15天随水施肥1次,每次每667平方米追施硝铵3～5千克,硫酸钾6～9千克。果实采收期间,每15～20天随水追肥1次,每次每667平方米追施硝铵 10 千克,腐殖酸 3 千克。此期定期喷洒叶面肥。

4. 植株调整

(1)吊架　定植后半个月用尼龙绳吊架引蔓。

(2)整枝　单秆整枝。留 7～10 穗果掐头。

(3)保花保果　用防落素保花保果,一般用防落素 25～40 毫克/千克,在花期喷花或涂抹花柄。注意抹花柄时每次至少要抹3～4 个,以使坐果整齐。

5. 病虫害防治　生长期间注意预防灰霉病、早疫病、晚疫病、白粉虱、美洲斑潜蝇和蚜虫。

八、百灵(ABELLUS RZ F1)

【品种来源】　从荷兰瑞克斯旺(RIJK ZWAAN)引进。

【特征特性】　为无限生长型。早熟,长势旺盛。耐热性强,在高温、高湿下也能正常坐果。果实大红色,微扁圆形,中大型果,单果重 200～230 克。果实硬,耐运输,耐贮藏,适合出口或外运。抗烟草花叶病毒病、根结线虫病、叶霉病和枯萎病。适合早春、早秋日光温室栽培和越夏栽培。

【栽培要点】

1. 栽培方式　可参考当地其他茄果类蔬菜作物的做畦方式做畦。定植期可根据栽培方式和地区而定。定植密度为每 667 平方米栽植 1 700～2 000 株。定植前施足基肥。

2. 环境调控

(1)温度　缓苗期白天温度保持 25℃～28℃,夜间不低于 15℃;缓苗后,白天温度保持在 20℃～25℃,夜间 10℃～15℃;开花坐果期,白天温度保持 23℃～28℃,夜间 15℃左右;采收期,白天温度保持 25℃ 左右,夜间 13℃～16℃。

（2）光照　采用透光性好的耐候功能膜。冬、春季保持膜面清洁。

3. 肥水管理

（1）浇水　定植后及时浇定根水,结果前的营养生长期适当控制水分,当主蔓第二花序开始坐果时应浇膨果水,盛果期尽量保持土壤湿润。

（2）追肥　第一穗果膨大中期进行叶面喷肥。盛果期结合浇水施入尿素,或喷施 0.1% 尿素和 0.3% 磷酸二氢钾水溶液 2～3 次,每隔 5～7 天喷 1 次。

4. 植株调整

（1）吊架　植株生长到一定高度时,用吊绳吊架引蔓。

（2）整枝　采用一秆半整枝,即除主干外,再留紧靠第一花序下部的 1 根强侧枝,将其他侧枝全部摘除。杈长 6～7 厘米时打杈。每株留 4～6 穗果,每穗留果 6 个左右。

（3）保花保果　施用防落素保花保果。具体使用浓度主要取决于当时的气温,温度越低使用浓度越高,温度越高使用浓度越低。

5. 病虫害防治　用百菌清、多菌灵、代森锰锌、甲基硫菌灵喷雾防治叶霉病、早疫病、晚疫病等。结合蘸花,用多菌灵防治灰霉病。注意对白粉虱和美洲斑潜蝇的防治。

九、格雷(LOGURE RZ F1)

【品种来源】　从荷兰瑞克斯旺(RIJK ZWAAN)引进。

【特征特性】　为无限生长型。早熟,生长势旺盛。耐热性强,在高温、高湿下也能正常坐果。果实大红色,微扁圆形,中大型果,单果重 200～220 克。色泽鲜艳,质地硬,耐运输,耐贮藏,适合出口或外运。抗烟草花叶病毒病、斑萎病毒病、叶霉病、黄萎病和枯萎病。适合早春、早秋日光温室栽培和越夏栽培。

【栽培要点】

1. 栽培方式 种植密度每 667 平方米为 2 000～2 200株。高垄双行,垄面宽 100 厘米左右,垄高 15 厘米,垄面间距50 厘米,株距 40～50 厘米。定植前施足基肥。

2. 环境调控

(1)温度 定植初期白天温度控制在 28℃～30℃,夜间为 15℃～18℃;缓苗后,白天温度控制在 20℃～25℃,夜间温度为 10℃～15℃,以利于开花坐果。开花结果期,白天温度控制在 25℃～28℃,前半夜为 13℃～15℃,后半夜为 7℃～10℃,地温 18℃～20℃,一般不低于 15℃。

(2)湿度 采用滴灌和地膜覆盖,以减少土壤水分蒸发。忌大水漫灌,宜小水勤浇。低温高湿季节尽可能加强通风排湿。

3. 肥水管理 从定植至第一穗果坐住,施 1 次提苗肥,每 667 平方米施硫酸钾复合肥 25～30 千克,浇小水 1～2 次。从第一穗果至第五穗果坐住,约每 15 天随水施肥 1 次,每次每 667 平方米追施硝铵 3～5 千克,硫酸钾 6～9 千克。在果实采收期间,每15～20 天随水追肥 1 次。每次每 667 平方米追施硝铵 15 千克,腐殖酸 2 千克。

4. 植株调整

(1)吊架 具 6～7 片叶时,用聚丙烯塑料绳吊架引蔓。

(2)整枝 单秆整枝,即只保留主蔓生长结果,摘除全部叶腋内的侧枝。每株留 6～8 穗果,每穗留果 3～5 个。

(3)保花保果　花期振动植株或摇动花序进行人工辅助授粉。在人工辅助授粉的基础上,用浓度为 20 毫克/千克的 2,4-D 处理花序,保花保果效果最好。

5. 病虫害防治　生长期间注意预防叶霉病、晚疫病、灰霉病、病毒病、白粉虱、美洲斑潜蝇、蚜虫和棉铃虫。

十、桃秀 F1

【品种来源】　由青岛黄泷种子有限公司从日本泷井种苗株式会社(TAKII)引进。

【特征特性】　为无限生长型。生长旺盛。果高圆形,粉红色。单果重 230 克左右。低温下坐果及膨大较好,畸形果少。果实商品性能好,风味佳,口感好。高抗叶霉病,并对多种病害有复合抗性。适宜温室大棚和露地栽培。

【栽培要点】

1. 栽培方式　按大行距 100 厘米、小行距 75 厘米起垄,按株距 40 厘米栽苗。每 667 平方米定植 2 000～2 100 株。定植前施足基肥。

2. 环境调控

(1)温度　从定植后至缓苗前,白天气温保持 28℃～30℃,夜间 15℃～18℃;缓苗后,白天 23℃～27℃,夜间 12℃～15℃;开花坐果期白天 22℃～26℃,夜间 12℃～15℃;果实膨大期,白天室内温度要提高到 25℃～28℃,夜间 15℃～17℃,地温 18℃～22℃。

(2)光照　温室采用透光性好的耐候功能膜,冬、春季保持膜面清洁,日光温室后部张挂反光幕,夏、秋季适当遮阳降温。

3. 肥水管理　定植时浇足缓苗水。缓苗后进行蹲苗。当第二穗果坐住后,在小行距浇水,每7～10天浇1次。结合浇水,每隔1次浇水追施1次肥,每次每667平方米追施尿素10千克,磷酸二铵10千克,钾肥5千克。花期用0.1%硼砂进行根外追肥。

4. 植株调整

(1)吊架　及时搭架,用尼龙绳吊架引蔓。

(2)整枝　双秆整枝,保留主枝和第一个花序下的1个侧枝,将其余侧枝及时摘除。每株留4～6穗果,一般每序留果3～4个。

(3)保花保果　当植株每穗开花3～4朵时喷1次防落素或沈农2号溶液,浓度为25毫克/千克。

5. 病虫害防治　加强防治晚疫病、灰霉病、白粉虱和蚜虫。

十一、桃星 F1

【品种来源】　由青岛黄泷种子有限公司从日本泷井种苗株式会社(TAKII)引进。

【特征特性】　为无限生长型。植株生长旺盛,早熟。在高温下开花坐果能力极强。单果重220～230克。果型大,呈高圆形,果实大小均匀,果面平整光滑,果色粉红,无绿果肩,色泽好,口感极佳。果皮坚硬,耐贮运,保鲜期长。抗病性强。适合温室早春、秋季栽培。

【栽培要点】

1. 栽培方式 每 667 平方米栽植 2 100～2 300 株。高垄双行,垄面宽 100 厘米左右,垄高 15 厘米,株距 35～40 厘米。定植前施足基肥。

2. 环境调控

(1)温度 从定植后至缓苗前,一般要保持高温缓苗,白天气温 28℃～30℃,夜间为 15℃～18℃;缓苗后,白天23℃～27℃,夜间 12℃～15℃。开花结果期,白天气温为 22℃～26℃,夜间为 10℃～15℃。

(2)光照 温室采用透光性好的乙烯—醋酸乙烯膜,经常保持膜面清洁。尽量早揭晚盖草苫。

3. 肥水管理 缓苗前一般不浇水,缓苗后可根据土壤状况适当浇 1 次提苗水。在第一穗果坐住前一般不浇水,如特别干旱,可在膜下轻浇暗水。当第一穗果实如核桃大小,第二穗果坐果后,开始浇水施肥。每隔 10～15 天浇 1 次水,并结合灌水冲施尿素或磷酸二铵,每次每 667 平方米浇 15～20 千克。

4. 植株调整

(1)吊架 6～7 片叶时用聚丙烯塑料绳吊架引蔓。

(2)整枝 当植株最大侧枝长到 7～8 厘米时开始打杈。单秆整枝,主枝一般留 6～7 穗果。当最后一穗现蕾时,留 2 片叶打顶。

(3)保花保果 用 2,4-D 或番茄灵(防落素)蘸花,结合蘸花进行疏花,每穗花序保留 4～5 朵处理过的花。

5. 病虫害防治 在整个生长季中,注意预防病毒病、叶霉病、灰霉病、晚疫病等。选用相应的药剂及早防治。

十二、桃丽 F1

【品种来源】　由青岛黄泷种子有限公司从日本泷井种苗株式会社（TAKII）引进。

【特征特性】　为无限生长型。早熟。生长势强，连续坐果性好，花序大，花朵多。大果型。果实高圆形。单果重 210 克左右。产量高。果色粉红，果皮厚，耐贮藏，耐运输。抗病性强。春、秋、冬季均可种植。

【栽培要点】

1. 栽培方式　每 667 平方米栽植 2 200～2 400 株。高垄双行，垄面宽 100 厘米左右，垄高 15 厘米，株距 35～40 厘米。定植前施足基肥。

2. 环境调控

（1）温度　定植后，白天温度应保持 22℃～25℃，夜间 13℃～15℃，日温最高界限 35℃，夜温最低界限 5℃。坐果后提高温度，白天保持 25℃～28℃，夜间 15℃左右。深冬季节棚温可短时保持 30℃，不可通大风降温，以防止温度过低。

（2）光照　覆盖长寿无滴膜。冬、春季节应早揭晚盖草苫，张挂反光幕，让植株多见光。

3. 肥水管理　缓苗前一般不浇水，缓苗后可根据土壤状况适当浇 1 次提苗水。在第一穗果坐住之前一般不再浇水，如特别干旱，可在膜下轻灌暗水。当第一穗果实像核桃大小、第二穗果坐果后，开始浇水施肥。每隔 10～15 天浇 1 次水，每次每 667 平方米结合灌水冲施狮马复合肥 12～15 千克。

4. 植株调整

(1)吊架　缓苗后及时用塑料绳吊架引蔓。

(2)整枝　单秆整枝,每株留 7～10 穗果,每穗留果 3～4个。

(3)保花保果　在花序有 2～3 朵花开放时,一般用浓度为20～30 毫克/千克番茄灵喷布花序,防止喷到嫩茎上。

5. 病虫害防治　在整个生长季中,注意预防叶霉病、晚疫病、白粉虱等。

十三、好韦斯特(HARVEST F1)

【品种来源】　由美国农人实业(寿光)种苗公司从美国BHN 种子公司(BHN RESEARCH,U. S. A.)引进。

【特征特性】　为无限生长型。叶片适中。每穗开花多,开花整齐,坐果能力极强。果实均匀一致,连续坐果能力极好。果大红色,果型大,果实外形美观,颜色鲜亮。果皮厚,硬度大,耐贮运,产量高。单果重 230 克左右。抗病性好,抗枯萎病、溃疡病、角斑病、根结线虫病和病毒病。

【栽培要点】

1. 栽培方式　按大小行起垄定植,1.4 米宽栽 2 行,大行距 80 厘米,小行距 60 厘米,株距 45～50 厘米。每 667 平方米定植2 000 株左右。定植前施足基肥。

2. 环境调控

(1)温度　缓苗期白天气温保持在 28℃～30℃,夜间为17℃～18℃,地温为 18℃～23℃,不通风。缓苗后,白天气温保持在 25℃～28℃,前半夜为 15℃～17℃,后半夜为 10℃～

13℃。结果期温度较缓苗后略高,昼温为 25℃,28℃ 以上开始通风,20℃关闭风口;夜温为 13℃～15℃,后半夜至翌日晨最低,可控制在10℃～13℃,地温不低于 15℃。

(2)光照　日光温室要使用聚氯乙烯无滴膜,在保温的前提下,尽量早揭晚盖草苫。

3. 肥水管理　从定植后到第一花穗开花期间,选晴天浇缓苗水,必须浇足浇透,并追施 1 次提苗肥,每 667 平方米施磷酸二铵 20～30 千克。在此期间,可根据土壤状况、苗情和气候浇水 1～2 次。从第一穗果到第五穗果坐住,约每 15 天随水施肥 1 次,每次每 667 平方米施硝铵 4～5 千克,硫酸钾 7～9 千克。在果实采收期间每隔 15～20 天随水追肥 1 次,每次每 667 平方米施硝铵 9 千克,硫酸钾 15 千克。

4. 植株调整

(1)吊架　第一花序开花后及时用吊绳吊架引蔓。

(2)整枝　单秆整枝,留 6～8 穗果掐头。侧枝不能超过 10 厘米。每穗留果 4～6 个。

(3)保花保果　用 2,4-D 保花保果,使用浓度切忌过高,一般浓度为 10～15 毫克/千克。

5. 病虫害防治　在整个生长季中也要注意预防病害,蚜虫可用阿克泰等防治。其他病害可用 5％百菌清粉尘剂喷洒或用 45％百菌清烟雾剂熏烟。

十四、吉尔(GILLE F1)

【品种来源】　由美国农人实业(寿光)种苗公司从美国 BHN 种子公司(BHN RESEARCH,U.S.A.)引进。

【特征特性】 为无限生长型。叶片适中,节间短。每穗开花多,开花整齐,坐果能力极强。果实均匀一致,连续坐果能力极好,产量高。果实大红色,大果型,果实外形美观周正,颜色鲜亮。果皮厚,硬度大,耐贮运。单果重180～240克。抗枯萎病、溃疡病、角斑病和病毒病。适宜早春温室大棚栽培。

【栽培要点】

1. 栽培方式 每667平方米定植2 000株左右。按大小行起垄定植,1.4米宽栽2行,大行距80厘米,小行距60厘米,株距45～50厘米。定植前施足基肥。

2. 环境调控

(1)温度 定植初期密闭大棚保温,白天棚温为28℃～30℃,夜间为17℃～20℃,地温不低于20℃,以促进缓苗;缓苗后,适当降低棚温,白天为22℃～26℃,夜间为15℃～18℃;开花结果期白天为22℃～26℃,夜间为13℃～17℃。

(2)湿度 生长前期,即从定植至结果前适宜的空气相对湿度为60%～65%,结果期适宜的空气相对湿度为45%～55%。注意加强通风排湿。

3. 肥水管理 从定植至缓苗期,不干不浇水,可用0.2%尿素和0.2%磷酸二氢钾混合液进行叶面追肥,以促进缓苗。从缓苗至第一花序果实膨大时,追1～2次稀粪水提苗;从第一穗果长到核桃大小至第四花序开花后,注意重追肥,重浇膨果水,每隔10天每667平方米追施尿素和硫酸钾各8～10千克。从第一穗果果实发白至采摘,每隔7天浇1次水,同时叶面喷施0.2%尿素和0.3%磷酸二氢钾混合液。

4. 植株调整

(1)吊架 第一花序开花后,及时用尼龙绳吊架引蔓。

（2）整枝　单秆整枝,只保留主茎,侧枝应在约7厘米长时摘除,可留6～8穗果打头。每穗留果5～7个。

（3）保花保果　用10～20毫克/千克的2,4-D点花柄,以点当天开放的花最好。

5. 病虫害防治　注意叶霉病的防治。可用47%加瑞农可湿性粉剂800倍液,或40%杜邦福星6 000倍液喷雾,连喷2～3次。

十五、安泰(FINE F1)

【品种来源】　由山东省寿光市明天种业有限公司从美国圣尼斯(SEMINIS)种子公司引进。

【特征特性】　为无限生长型。极早熟。节间短,叶片稀疏。开花整齐,坐果能力强,产量高。果实近高圆形,均匀一致。单果重200～250克。果实大红色,果形端正,有光泽,无青皮果,干物质含量高,口感极佳。果硬度大,耐贮运,货架期长。对环境适应能力极强,在低温情况下转色快,较耐高温。特别适宜秋延迟和早春茬栽培。

【栽培要点】

1. 栽培方式　定植前施足基肥。大小行栽植,株距40～45厘米,平均行距80厘米。每667平方米定植1 800～2 000株。

2. 环境调控

（1）温度　白天温度保持25℃～28℃,夜间10℃～15℃。进入绿熟期后可适当加温,白天温度控制在30℃～32℃,夜间15℃～18℃,以促进果实成熟。

(2)光照　在整个栽培期间,只要不过分降低棚内温度,应早揭晚盖草苫,尽量让植株多见光。

3. 肥水管理　浇足定植水。缓苗后要控制浇水,到第一花序开花坐果前一般不浇水,若植株干旱时只少量浇水。第一穗果坐果后开始追肥、浇水。约每 15 天随水施肥 1 次,每次每 667 平方米施硝铵 7～10 千克,绿国宝生物冲施肥 10～15 千克。果实采收期间每隔 15～20 天随水追肥 1 次,每次每 667 平方米随水冲施磷酸二铵 15 千克,硫酸钾 5 千克。

4. 植株调整

(1)吊架　植株具有 6～7 片叶时,用塑料绳吊架引蔓。

(2)整枝　单秆整枝,将侧枝全部打掉。每株留 6～8 穗果,每穗留果 3～4 个。

(3)保花保果　用 10～15 毫克/千克 2,4-D 蘸花。

5. 病虫害防治　在整个生长季中,注意预防早疫病、灰霉病、美洲斑潜蝇、白粉虱和蚜虫等。

十六、美国 4 号(ALIFOR NIA F1)

【品种来源】　由辽宁省大连怡农园艺有限公司从美国 UNT 种子公司(UNTIED SEED INTERNATIONAL A-MERICA CO. ,LTO.)引进。

【特征特性】　为无限生长型。中晚熟。具 7～8 片叶时着生第一穗花序,单穗花多,开花集中,花期长。果大红色,果形周正,光洁美观。成熟果肉硬,皮肉厚接近 1 厘米,肉多汁少,极耐贮运。单果重 200～300 克。果实均匀一致,无畸形果、青肩果和空洞果,商品率高。耐低温,耐弱光,并且具有其他品种不能比的耐高温、抗病毒性能。适合秋延迟、越冬栽培和早春栽培。

【栽培要点】

1. 栽培方式　定植前施足基肥。起垄栽培，大垄距90厘米，小垄距70厘米，株距35～40厘米。每667平方米定植2 300株。

2. 环境调控

(1)温度　缓苗前温度保持在28℃～30℃，超过30℃时要通风降温；夜间为17℃～20℃，地温不低于20℃～22℃。缓苗后至第一花序开花前，适当降低棚温，白天为24℃～26℃，夜间为13℃～18℃，以防止植株徒长。结果期白天温度为25℃～28℃，夜间为13℃～15℃。阴雨天，白天为20℃～22℃，夜间为12℃～15℃，最低不低于10℃。

(2)湿度　忌大水漫灌，宜小水勤浇。室温达到28℃时，开始通风降湿。

3. 肥水管理　从定植至第一穗果坐住，施1次提苗肥，每667平方米施硫酸钾复合肥25～30千克，浇小水1～2次。第一穗果至第五穗果坐住，约每15天随水施肥1次，每次每667平方米随水冲施狮马复合肥10～15千克。果实采收期间每15～20天随水追肥1次，每次每667平方米追施硝铵10千克，腐殖酸3千克。

4. 植株调整

(1)吊架　一般在第一花序开花时用绳吊架引蔓。

(2)整枝　一般行单秆整枝，去侧枝，每株留10～15穗果后打头。一般以第一穗果留4个，第二穗果以上留6个为佳。

(2)保花保果　用10～20毫克/千克的2,4-D涂花柄，以涂当天开放的花最好。

5. 病虫害防治 注意防治晚疫病、病毒病。

十七、戴梦得(DIAMOND F1)

【品种来源】 由辽宁省大连怡农园艺有限公司从美国 UNT 公司(UNTIED SEED INTERNATIONAL AMERI-CA CO.,LTO.)引进。

【特征特性】 为无限生长型。植株生长势中等,节间短,在低温条件下坐果良好。果实圆形,红色,果肉颜色均匀,转色快,品质佳。硬度好,耐贮运。单果重 200 克左右。抗低温,耐弱光,抗病能力强。适于秋延迟栽培、越冬栽培及早春大棚、温室栽培。

【栽培要点】

1. 栽培方式 起垄栽培,大垄距 90 厘米,小垄距 70 厘米,株距 35 厘米,每 667 平方米定植 2300 株。定植前施足基肥。

2. 环境调控

(1)温度 定植后应保持较高温度,白天为 28℃～32℃,超过 30℃时要通风;夜间为 18℃～20℃,地温最好在 20℃以上。缓苗后适当降温,白天为 22℃～28℃,夜间为 15℃左右,揭苫前 10℃。结果期,白天为 25℃～28℃,前半夜为 15℃～20℃,后半夜为 10℃～15℃,地温保持在 18℃～20℃,最低不能低于 13℃。深冬季节结果期如果遇到连阴或强寒流天气,棚室内温度降到 5℃以下时,应采取临时加温措施,使温度升到 10℃以上。

(2)湿度 结果前适宜的空气相对湿度为 60%～65%,

结果期比较适宜的空气相对湿度为 45％～55％。室温达到 28℃时,开始通风排湿。

3. 肥水管理 第一果穗果实采收结束时追施 1 次农家肥,每 667 平方米施 2 000 千克,并掺入磷酸二铵 50 千克;第二、第三穗果坐住后,再补追 1 次农家肥。其次,叶面喷施微肥,如硼、镁肥或硫酸锌等。初花期前应视土壤墒情浇水,保持土壤见干见湿。注意从开花至果坐住前一般不浇水。进入结果期后,浇水应掌握保持土壤湿润为原则,顺小行沟进行膜下浇水。浇水、追肥均应在晴天进行。

4. 植株调整

(1)吊架 第一花序开花后及时搭架,用尼龙绳吊架引蔓。

(2)整枝 单秆整枝。为集中上市,可提前留 7～8 穗果掐头;也可留 7～10 穗果后打头,以便集中采收。一般每穗留果 4～6 个。

(3)保花保果 花序内开花 3～4 朵时,及时使用坐果灵喷花保果。

5. 病虫害防治 注意预防和防治病毒病、蚜虫和白粉虱等。

十八、珊尼娜(SHANNINA F1)

【品种来源】 由寿光市太阳种苗有限公司从荷兰纽内姆种子公司(NUNZA)引进。

【特征特性】 为无限生长型。果实扁圆形,呈鲜艳的亮红色。单果重 180～200 克。硬度极好,耐贮运。抗黄萎病 1

号生理小种、枯萎病 1 号生理小种与 2 号生理小种、烟草花叶病毒病、斑萎病毒病、根结线虫病和筋腐病。适宜越冬温室种植。

【栽培要点】

1. 栽培方式 双行大小垄栽培,株距 40～50 厘米。每 667 平方米定植 2 200 株左右。定植前施足基肥。

2. 环境调控

(1)温度 定植后至缓苗前,一般要保持高温缓苗,白天气温为 28℃～30℃,夜间为 15℃～18℃;缓苗后,白天气温为 23℃～27℃,夜间为 12℃～15℃;开花结果后,白天气温 24℃～28℃,夜间为 15℃～20℃。一般昼夜温差为 10℃。地温以不低于 15℃为宜。冬天夜间应在草苫上加盖薄膜保温,白天适当调控温度,降低呼吸消耗,以利于营养物质的积累。

(2)光照 覆盖聚氯乙烯无滴膜,每天掀起草苫后,要清扫棚膜上的碎草和杂物。在保温的前提下,尽量早揭晚盖草苫。阴天也要卷起草苫。

3. 肥水管理 从定植至第一穗果坐住,施 1 次提苗肥,每 667 平方米施磷酸二铵 20～25 千克,浇小水 1～2 次。从第一穗果至第五穗果坐住,每 15 天随水施肥 1 次,每 667 平方米追施绿国宝冲施肥 10～15 千克。此期应适当喷施叶面肥,每 10～15 天叶面追肥 1 次,可喷 0.3%磷酸二氢钾、尿素等,以满足膨果期的肥水需要。在果实采收期间每 15～20 天随水追肥 1 次,每次每 667 平方米追施绿国宝冲施肥 10～15 千克。

4. 植株调整 及时吊线或插架,上吊下架,单秆整枝。用防落素、坐果灵保花、保果。每株可留 6～7 穗果摘心,也可任其无限生长作一季栽培,每穗留果 4～6 个。在顶穗上留

2～3 片叶摘心。

5. 病虫害防治 注意防治晚疫病、灰霉病、白粉虱和美洲斑潜蝇等。

十九、圣尼娜(SHENGNINA F1)

【品种来源】 由山东省寿光市太阳种苗有限公司从荷兰纽内姆种子公司(NUNZA)引进。

【特征特性】 为无限生长型。长势中等,早熟。果实扁圆形,呈鲜艳的亮红色。单果重 220～250 克。硬度极好,耐贮运。抗叶霉病、灰霉病、黄萎病、枯萎病、烟草花叶病毒病和根结线虫病。适宜越冬温室种植。

【栽培要点】

1. 栽培方式 双行大小垄栽培,株距 40～50 厘米。每 667 平方米定植 2 200 株左右。定植前施足基肥。

2. 环境调控

(1)温度 定植后 3 天内尽量不通风,以促进缓苗;缓苗后,温室内昼温控制在 24℃～27℃,高于 30℃ 时要及时通风降温,夜温控制在 15℃～18℃。深冬季节若遇连阴天,可在草苫上覆盖旧棚膜,既可增加保温性,又可防雨雪浸湿草苫,保持室内温度不低于 13℃。

(2)湿度 采取膜下浇水、加强通风等措施,减小棚内湿度,保持叶面不形成水膜。

3. 肥水管理 浇足缓苗水。缓苗后挖穴或开沟施肥 1 次,每 667 平方米施绿国宝生物复合肥 20～25 千克。缓苗后要少浇水,在特别干旱时,浇小水 1～2 次。第一穗果坐住时浇水施肥,每 15 天随水施肥 1 次,每次每 667 平方米追施绿国宝冲施肥 10～15 千克或硝铵 8～10 千克。在果实采收期间,每 15～20 天随水追肥 1 次,每次每 667 平方米追施绿国宝冲施肥 10～15 千克。浇水时只浇小垄,水不要漫垄,应保持土壤见干见湿。浇水以选在晴天上午为宜。

4. 植株调整

(1)吊架 植株生长到一定高度后,用尼龙绳吊架引蔓。

(2)整枝 单秆整枝。开花后将侧枝全部去掉,打杈不能过早,一般杈以 5 厘米长为宜。

(3)保花保果 用 2,4-D 保花保果,使用浓度为 10～20 毫克/千克,如温度高则使用低浓度,温度低则使用高浓度。2,4-D 药液浓度一定要配准,防止药液滴到植株幼叶和生长点上而造成药害。每穗留果 4～5 个。

5. 病虫害防治 注意防治叶霉病、早疫病和晚疫病等。

二十、瑞德莱特(RED LANTERN F1)

【品种来源】 由山东省寿光科普园种苗有限公司从美国圣尼斯(SEMINIS)种子公司引进。

【特征特性】 为无限生长型。植株生长旺盛,早熟。开花整齐,坐果能力强,产量极高。单果重 180～240 克。果圆形,颜色深红,果面光滑,色泽鲜艳。果实硬度大,耐贮运,货架期长。抗病性好。适宜秋延迟、早春及越夏栽培。

【栽培要点】

1. 栽培方式 按大、小行起垄定植,大行距 90 厘米,小行距 70 厘米,株距 40～45 厘米。每 667 平方米定植 1 800～

2 000 株。定植前施足基肥。

2. 环境调控

（1）温度　定植后温度应保持白天 22℃～25℃，夜间 10℃～15℃；坐果后白天保持 25℃～28℃，夜间为 12℃左右。

（2）湿度　忌大水漫灌，宜小水勤浇，并注意通风降湿。

3. 肥水管理　浇足定植水。缓苗后要控制浇水，第一花序开花坐果前一般不浇水，若十分干旱时只少量浇水。第一穗果长到坐果后开始追肥、浇水。约每 15 天随水施肥 1 次，每次每 667 平方米施绿国宝生物冲施肥 20～25 千克。采收期间每隔 15～20 天随水追肥 1 次，每次每 667 平方米随水冲施磷酸二铵 10 千克，尿素 10 千克。

4. 植株调整　单秆整枝，将叶腋发出的侧枝全部摘除。每株留 5～10 穗果，最后一穗花序开花后，在花序上方留 2 片叶摘心。每一个果穗留果 4～6 个。用 25～35 毫克/千克番茄灵蘸花，以保花保果。

5. 病虫害防治　在整个生长季中，注意预防叶霉病、晚疫病、白粉虱和蚜虫等。

二十一、未来之星（FUTURE STAR F1）

【品种来源】　由山东省寿光市太阳种苗有限公司从荷兰纽内姆种子公司（NUNZA）引进。

【特征特性】　为无限生长型。长势中等，极早熟。果实大红色，扁圆形，色泽鲜艳，口味极佳。单果重 160～200 克。无裂纹、无青肩现象，质地硬，耐运输，耐贮藏，适合于出口和外运。抗烟草花叶病毒病、叶霉病、灰霉病、黄萎病、根结线虫病、筋腐病和枯萎病。适宜越夏栽培。

【栽培要点】

1. 栽培方式 每 667 平方米栽 2 200 株。高垄双行,垄面宽 100 厘米左右,垄高 15 厘米,株距 40～50 厘米。定植前施足基肥。

2. 环境调控

(1)温度 定植后 5～7 天内不通风,以提高温度,促进缓苗;缓苗后,白天温度保持在 20℃～25℃,超过 25℃时要通风,降到 20℃时闭风,15℃左右覆盖草苫;前半夜保持 15℃以上,后半夜保持 10℃～13℃;进入结果期后,白天温度保持在 25℃～28℃,夜间为 10℃～13℃。冬、春季要加强保温,以避免低温冷害。

(2)湿度 通过合理浇水及通风换气,使棚室内空气相对湿度达到 50%～65%,土壤湿度达到 65%～85%。

3. 肥水管理 从缓苗后至第一穗果膨大前,一般不追肥浇水。当第一穗果实如核桃大小时,开始追肥浇水,每 667 平方米可顺水冲施尿素 12～16 千克;待第二穗果实膨大时,每 667 平方米顺水冲施氮、磷、钾复合肥 30 千克。暗沟浇水,水量不宜大,以不积水为宜。每次浇水后要加强通风,以降低湿度。结果期实行叶面追肥,可选喷 0.5%尿素、0.1%磷酸二氢钾、2%过磷酸钙等溶液,每 5～7 天喷 1 次。

4. 植株调整 采取一秆半整枝,摘除下部第一至第三片老叶和侧枝,只留第一花穗下面的侧枝,主秆留 4～5 穗花,侧枝留 2 穗花打顶,每穗留果 4～5 个。开花期用浓度为 25～30 毫克/千克的防落素喷花或涂抹花柄,以保花保果。

5. 病虫害防治 在整个生长季中,注意防治叶霉病、早疫病、晚疫病、灰霉病和蚜虫、温室白粉虱、美洲斑潜蝇等。

二十二、菲利浦（PHILIP F1）

【品种来源】 由山东省寿光市太阳种苗有限公司从荷兰纽内姆种子公司（NUNZA）引进。

【特征特性】 为无限生长型。长势旺盛，晚熟。果实大红色，圆形，色泽鲜艳，口味极佳。无裂纹、无青肩现象，硬度中等。单果重160～200克。抗烟草花叶病毒病、叶霉病、灰霉病、黄萎病、根结线虫病、筋腐病和枯萎病。适宜温室越冬栽培。

1. 栽培方式 按大、小行起垄定植，大行距100厘米，小行距60厘米，株距40～45厘米。每667平方米定植2 200株。定植前施足基肥。

2. 环境调控

（1）温度 定植初期室温宜稍高，白天温度保持在25℃～28℃，夜间为18℃～20℃；缓苗后适当降低，白天为20℃～22℃，夜间不低于7℃；坐果后应提高温度，白天为25℃～28℃，夜间为12℃左右。

（2）光照 在整个栽培期间，应早揭晚盖草苫，尽量让植株多见光。

3. 肥水管理 从定植至第一穗果坐住，施1次提苗肥，每667平方米施硫酸钾复合肥25～30千克，浇小水1～2次。第一穗果至第五穗果坐住，每隔15天随水施肥1次，每次随水冲施硝铵4～6千克，硫酸钾5～8千克。果实采收期间，每隔15～20天随水追肥1次，每次每667平方米追施硝铵15千克，腐殖酸3千克。

4. 植株调整

(1)吊架 植株具6～7片叶时,用塑料绳吊架引蔓。

(2)整枝 单秆整枝,将侧枝全部打掉。第一穗留4个果,之后每穗留6个果。

(3)保花保果 用10～15毫克/千克2,4-D或25～35毫克/千克番茄灵蘸花。

5. 病虫害防治 在整个生长季中,注意预防早疫病、晚疫病等。

二十三、丹佛(DENVER F1)

【品种来源】 由山东省寿光市太阳种苗有限公司从荷兰纽内姆种子公司(NUNZA)引进。

【特征特性】 为无限生长型。长势旺,晚熟。果实圆形,颜色亮红,口味极佳。单果重200克左右。质地硬,耐运输,耐贮藏。

【栽培要点】

1. 栽培方式 每667平方米定植2 200株。高垄双行,垄面宽100厘米左右,垄高15厘米,株距40～50厘米。定植前施足基肥。

2. 环境调控

(1)温度 定植后到缓苗期,应提高棚内温度,促进缓苗。此期白天保持室内温度在28℃～30℃,夜间为18℃～20℃。缓苗后降低温度,白天为20℃～25℃,夜间为12℃～15℃,以利于开花坐果。结果期白天为25℃～28℃,前半夜为13℃～15℃,后半夜为7℃～10℃,地温为18℃～20℃,一般不低于

15℃。

（2）光照　应选用新塑料薄膜，并经常清洁塑料薄膜；温室后墙张挂反光幕，适当早揭晚盖草苫，以增加光照时间。

3. 肥水管理　定植缓苗后浇 1 次缓苗水，施 1 次提苗肥，每 667 平方米施绿国宝生物复合肥 10～15 千克。进入开花期，应适当控制水肥。第一果穗坐果后，视天气情况每隔 4～6 天浇 1 次水，保持土壤湿润。第一穗果采收后进入盛果期，在根外 20～25 厘米处开沟施肥，每 667 平方米分别条施 10 千克复合肥和 10 千克尿素，施后浇水，以后每隔 20 天左右施 1 次肥。另外，每隔 7 天叶面喷洒 0.5% 磷酸二氢钾 1次。开花期和结果期适当喷洒 0.02% 硼砂水溶液，以利于开花和结果；生长中后期应喷洒 0.5% 硫酸镁或 0.5% 氯化钙。

4. 植株调整

（1）吊架　及时吊架引蔓。单秆整枝，见杈都抹掉。每株留 6～8 穗果，最后一穗果之上留 2～3 片叶摘心。第一穗留 3 个果，之后每穗留果 4 个。

（2）保花保果　开花期用 25～30 毫克/千克防落素喷花保果。有条件的地区可以采用蜜蜂辅助授粉，以提高坐果率。

5. 病虫害防治　用百菌清、多菌灵、代森锰锌、甲基硫菌灵喷雾，防治叶霉病、早疫病、晚疫病等。结合蘸花，用多菌灵防治灰霉病。

二十四、西蒙(SIMSON F1)

【品种来源】　由上海长禾农业发展有限公司从法国克鲁斯(CLAUSE)公司引进。

【特征特性】 为无限生长型。植株长势健壮,节间中等略短。叶片颜色浓绿厚实,叶片分布均匀。果形圆正,颜色浓红,果实有光泽,果肉厚,商品性高,口味极佳。单果重150～200克。果实坚硬,耐贮运。坐果能力强,温度较高或较低时都能坐果。主要适合于早春、秋延迟和夏茬栽培。

【栽培要点】

1. 栽培方式 每667平方米定植2 000株左右。高垄栽培,平均行距70～80厘米,株距45～50厘米。定植前施足基肥。

2. 环境调控

(1)温度 从定植到缓苗前要加强保温促进缓苗,白天保持28℃～30℃,超过30℃时通风,夜间15℃～18℃。缓苗后白天27℃～28℃,前半夜15℃～18℃,后半夜10℃～12℃。进入结果期,白天25℃～28℃,前半夜14℃～18℃,后半夜10℃～13℃。果实膨大着色期,白天24℃～26℃,夜间15℃～17℃,地温15℃以上。

(2)湿度 缓苗期要封闭保湿,一般不进行通风。结果前期,室内空气相对湿度白天控制在65%,夜间控制在85%,以保持叶面不形成水膜为宜。

3. 肥水管理 定植时浇足定植水,3～5天后浇缓苗水,而后进行蹲苗。缓苗后挖穴或开沟施肥1次,每667平方米施绿国宝生物复合肥10～15千克。第二穗果至第五穗果坐住,约每15天随水施肥1次,每次每667平方米追施尿素10千克,过磷酸钙10千克。果实采收期间每隔15～20天随水追肥1次,每次每667平方米随水冲施绿国宝生物冲施肥10～15千克。

4. 植株调整

（1）吊架　定植 15 天后用尼龙绳吊架引蔓。

（2）整枝　单秆整枝，侧枝长到 6～7 厘米时全部去掉。每株留 5～7 穗果，每穗留果 4～5 个。

（3）保花保果　每穗花序开 3～4 朵花，用 10～15 毫克/千克的 2,4-D 蘸花或涂花柄。

5. 病虫害防治　主要注意防治灰霉病、叶霉病、白粉虱和蚜虫等。

二十五、FA-1453（ROSEMARIE F1）

【品种来源】　从以色列海泽拉优质种子公司（HAZERA GENETICS LTD.）引进。

【特征特性】　为无限生长型。中晚熟。植株长势旺盛，茎秆粗壮，节间较紧凑。大果型，单果重 150 克以上。产量高。果扁球形，果色亮红，富有光泽，果皮厚，耐贮藏，耐运输。每穗开花 6～8 朵，开花整齐，果实均匀。耐低温，连续坐果性好。抗病性强，对枯萎病生理小种 1 号和 2 号、黄萎病生理小种 1 号、烟草花叶病毒病和根结线虫病有抗性。春、秋季均可种植。

【栽培要点】

1. 栽培方式　定植密度为大行距 90 厘米，小行距 70 厘米，株距 40～50 厘米。每 667 平方米栽 1 600～1 800 株。定植前施足基肥。

2. 环境调控

（1）温度　定植后白天温度控制在 28℃～30℃，夜间为

15℃左右。缓苗后白天为 26℃~27℃,夜间为 14℃~16℃。结果期白天为 20℃~25℃,前半夜 13℃~15℃,后半夜为 7℃~10℃;地温 18℃~20℃,一般以不低于 15℃为宜。冬春季要设法增温、保温,要尽量创造 20℃~25℃日温和 13℃~17℃夜温。

(2)光照 覆盖长寿无滴膜,及时清扫棚膜上的碎草和杂物。尽量早揭晚盖草苫。

3. 肥水管理 从定植后至缓苗前一般不浇水,缓苗后可根据土壤状况适当浇水,以后在第一穗果坐住之前不浇水。如特别干旱,可在膜下轻浇暗水。当第三花序开花时,正值第一果穗的果实进入膨大期,此时应浇水施肥,每隔 10~15 天浇 1 次,并结合灌水,冲施尿素或磷酸二铵,每次每 667 平方米施 8~10 千克。

4. 植株调整

(1)吊架 当株高 40 厘米左右时,及时用绳吊架引蔓。

(2)整枝 单秆整枝,及时打杈。留 8 穗花序。第八穗花序上方留 2 片叶摘心,每穗留果 3~4 个。

(3)保花保果 开花 3 天内用 2,4-D 溶液蘸花,以保花保果。当气温高于 15℃时,药液浓度为 10 毫克/千克;当气温低于 15℃时,浓度为 20 毫克/千克。每朵花只能处理 1 次。

5. 病虫害防治 在整个生长季中,注意预防叶霉病、晚疫病、灰霉病和蚜虫、温室白粉虱、美洲斑潜蝇。

二十六、FA—1410(NEELY F1)

【品种来源】 从以色列海泽拉优质种子公司(HAZERA

GENETICS LTD.)引进。

【特征特性】 为无限生长型。中熟。植株长势旺盛,茎秆粗壮,坐果率高。大果型,呈扁球形,果色亮红富有光泽,萼片大而舒展。单果重 130～200 克。果皮厚,耐贮藏,耐运输,产量高。每穗开花 6～8 朵,开花整齐,果实均匀。抗病性强,对枯萎病生理小种 1 号和 2 号、根腐枯萎病、黄萎病生理小种 1 号、烟草花叶病毒病和根结线虫病有抗性。春、秋季均可种植。

【栽培要点】

1. 栽培方式 每 667 平方米栽 1 800 株左右。高垄双行,垄面宽 100 厘米左右,垄高 15 厘米,株距 40～50 厘米。定植前施足基肥。

2. 环境调控

(1)温度 缓苗前大棚温度保持 20℃～30℃,缓苗后白天保持 20℃～25℃,夜间保持 15℃左右,结果后白天温度保持 20℃～25℃,前半夜 13℃～15℃,后半夜 10℃～12℃,最低不低于 8℃;地温 18℃～20℃,一般不低于 15℃。主要通过揭盖草苫、通风等措施调控所要求的温度。

(2)光照 覆盖长寿无滴膜,及时清扫棚膜上的碎草和杂物。在保温的前提下,尽量早揭晚盖草苫。阴天也要揭开草苫。

3. 肥水管理 定植时浇足定植水,3～5 天后浇缓苗水,然后进行蹲苗。第一穗果坐住后随水追肥,每 667 平方米追施尿素 25 千克,过磷酸钙 25 千克。每穗果坐住后都要随水追肥,追肥量和追肥种类同第一次追肥。每隔 7～10 天浇 1 次水,浇水后要通风排湿。如有条件,冬季尽量使用日晒温水浇灌。

4. 植株调整

(1)**吊架**　用尼龙绳吊架引蔓。

(2)**整枝**　单秆整枝。只留 1 个主秆,其余的去掉,每株留 7～8 穗果,每穗留果 3～4 个。

(3)**保花保果**　湿度较小时,振动花穗授粉;湿度较大时,使用番茄丰产剂 2 号,按使用说明喷布花序的背面。

5. 病虫害防治　在整个生长季中,注意预防叶霉病、晚疫病、灰霉病、温室白粉虱、美洲斑潜蝇等。

二十七、卡帕瑞(CAMPARI F1)

【品种来源】　由北京天地园种苗有限公司从荷兰安莎种子集团公司(ENZA ZADEN)引进。

【特征特性】　为无限生长型。植株生长势强,坐果率高,小型果。单果重 50～60 克。果实颜色红亮,整序采收。抗烟草花叶病毒病、黄萎病、枯萎病和根结线虫病。适合春、秋季日光温室栽培。

【栽培要点】

1. 栽培方式　以单行或双行栽培为宜,株距 30～40 厘米,行距 70～100 厘米。每 667 平方米定植 2 000～2 300 株。定植前施足基肥。

2. 环境调控

(1)**温度**　定植后白天温度应保持 22℃～25℃,夜间为 10℃～15℃;坐果后提高温度,白天保持 25℃～28℃,夜间为 12℃左右。

(2)**湿度**　空气相对湿度为 50%～65%,土壤湿度为

65％～85％，忌大水漫灌，宜小水勤浇，并注意通风降湿。

3. 肥水管理 从定植至第一穗果坐住，施1次提苗肥，每667平方米施硫酸钾复合肥25～30千克，浇小水1～2次。第一穗果至第五穗果坐住，约每15天膜下浇水1次，每次随水冲施狮马复合肥12～15千克。在果实采收期间，每隔15～20天随水冲施1次，每次每667平方米随水冲施硝铵10千克，腐殖酸2千克。

4. 植株调整

(1)吊架 当植株有6～7片叶时，用塑料绳吊架引蔓。

(2)整枝 单秆整枝，摘除全部叶腋内的侧枝，打杈应在侧枝长到10厘米左右时进行。每株留5～10穗果，每穗果应保留12～15个果。

(3)保花保果 用10～15毫克/千克2,4-D或25～35毫克/千克番茄灵蘸花。

5. 病虫害防治 在整个生长季中，注意预防叶霉病、早疫病、白粉虱和蚜虫等。

二十八、FA—1422（VERDIANA F1）

【品种来源】 从以色列海泽拉优质种子公司（HAZERA GENETICS LTD.）引进。

【特征特性】 为无限生长型。中熟。株型紧凑，节间短，产量高。单果重140～220克。果形漂亮，果色好，口感好，硬度高。高抗叶霉病，抗枯萎病生理小种1号和2号、黄萎病生理小种1号、烟草花叶病毒病。适宜秋延迟、越冬及早春保护地栽培。

【栽培要点】

1. 栽培方式 每 667 平方米栽 1 600～1 800 株。高垄双行,垄面宽 100 厘米左右,垄高 15 厘米,株距 40～50 厘米。定植前施足基肥。

2. 环境调控

(1)温度 缓苗期白天温度应保持 30℃左右。从缓苗后至结果前,白天适宜温度为 22℃～25℃,夜间为 13℃～15℃。进入结果期,白天为 22℃～28℃,夜间为 15℃～18℃。整个生长期间比较适宜的地温是 15℃～20℃,尽量不低于 15℃。

(2)光照 覆盖透光性好的乙烯—醋酸乙烯膜,经常清扫棚膜上的碎草和杂物。在保温的前提下,尽量早揭晚盖草苫。阴天也要卷起草苫。

3. 肥水管理 浇足定植水,缓苗后施 1 次提苗肥,每 667 平方米施酵素菌肥 20～25 千克。第一穗果坐住前,一般不再追肥、浇水。特别干旱时补水 1～2 次,水量要小。第一穗果长到核桃大小时开始追肥、浇水。每隔 10～15 天浇 1 次水,隔 1 次水随水施 1 次肥,每 667 平方米每次施硝铵 10～15 千克。在每一花序开花坐果时,肥量和水量要降低,果实膨大时,肥量和水量要增加。果实采收期间每隔 15～20 天随水追肥 1 次。每次每 667 平方米追施磷酸二铵 10 千克,硫酸钾 10 千克。

4. 植株调整

(1)吊架 第一花序开花后及时搭架,用尼龙绳吊架引蔓。

(2)整枝 单秆整枝,早除侧枝,每株留 7～8 穗果打顶,每穗可留果 4～5 个。

(3)保花保果 开花时用浓度为 10～15 毫克/千克 2,4-

D 蘸花。

5. 病虫害防治 在整个生长季中,注意预防和防治早疫病、晚疫病、灰霉病、温室白粉虱等。

二十九、FA—593(DOMINIQUE F1)

【品种来源】 从以色列海泽拉优质种子公司(HAZERA GENETICS LTD.)引进。

【特征特性】 为无限生长型。晚熟。果实扁圆形,成熟后红色。单果重 130～200 克。果实硬度好,耐贮运。抗根结线虫病、烟草花叶病毒病、黄萎病和枯萎病。耐热性强,在高温条件下坐果性好。适宜秋冬茬、冬春茬、夏秋茬和越夏茬栽培。非常适合根结线虫病高发地区栽培。

【栽培要点】

1. 栽培方式 大小行高垄定植,垄高 20 厘米,大行距80～90 厘米,小行距 60～70 厘米,株距 45～50 厘米。每 667平方米可定植 1 600～1 800 株。定植前施足基肥。

2. 环境调控

(1)温度 缓苗期间温度可适当高些,白天可以达到30℃。从缓苗后至结果前,白天适宜温度为 22℃～25℃,夜间为 13℃～15℃。结果期白天适宜温度为 22℃～28℃,夜间为 15℃～18℃。整个生长期间地温尽量不低于 15℃。

(2)光照 覆盖乙烯—醋酸乙烯膜,及时清扫棚膜上的碎草和杂物。在保温的前提下,尽量早揭晚盖草苦。

3. 肥水管理

浇足定植水。缓苗后施 1 次提苗肥,每 667 平方米施磷酸二铵 15～20 千克。第一穗果坐住前一般不再追肥、浇水，特别干旱时补水 1～2 次，水量要小。第一穗果长到核桃大小时开始追肥、浇水。约每隔 15 天随水施肥 1 次，每 667 平方米施氮磷钾复合肥 10～15 千克。果实采收期间每 15～20 天随水追肥 1 次，每次每 667 平方米追施磷酸二铵 15 千克，硫酸钾 10 千克。如有条件，冬季应尽量使用日晒温水浇灌。

4. 植株调整

(1)吊架　第一花序开花后及时用尼龙绳吊架引蔓。

(2)整枝　单秆整枝，每株留 7～9 穗果，最后一穗花序上部留 2～3 片叶摘心，每穗留果 3～4 个。

(3)保花保果　花序内有 3～4 朵花开放时，用浓度为 20 毫克/千克加 0.1％浓度速克灵蘸花。

5. 病虫害防治　在整个生长季中，注意防治叶霉病、早疫病、晚疫病、灰霉病、温室白粉虱、美洲斑潜蝇等。

三十、爱莱克拉(ELECTRA F1)

【品种来源】　从以色列海泽拉优质种子公司(HAZERA GENETICS LTD.)引进。

【特征特性】　为无限生长型。节间短，采果集中。果实红色，圆球形，果肩绿色。平均单果重 180～260 克。耐贮运性强。对枯萎病、黄萎病、烟草花叶病毒病抗性良好，全年一大季栽培，每 667 平方米产量可达 15 000 千克以上。

【栽培要点】

1. 栽培方式　每 667 平方米栽 1 800～2 000 株。高垄双行，垄面宽 100 厘米左右，垄高 15 厘米，株距 40～45 厘米。

定植前施足基肥。

2. 环境调控

(1)温度　缓苗期白天可以达到 30℃。从缓苗后至结果前,白天适宜温度为 22℃～25℃,夜间为 13℃～15℃。结果期白天为 22℃～28℃,夜间为 15℃～18℃。

(2)光照　日光温室要使用透光性好的乙烯—醋酸乙烯膜。每天掀起草苫后,要清扫棚膜上的碎草和杂物。在保温的前提下,尽量早揭晚盖草苫。阴天也要卷起草苫。

3. 肥水管理　浇足定植水。缓苗后施 1 次提苗肥,每 667 平方米施复合肥 20～25 千克。第一穗果坐住前一般不再追肥、浇水。特别干旱时补浇小水。第一穗果长到乒乓球大小时开始追肥、浇水。约每隔 15 天随水施肥 1 次,每次每 667 平方米施硝铵 10～15 千克。果实采收期间,每隔 15～20 天随水追肥 1 次,每次每 667 平方米追施绿国宝生物冲施肥 10～15 千克。

4. 植株调整

(1)吊架　第一花序开花后,及时吊架引蔓。

(2)整枝　单秆整枝,早除侧枝,每株留 5～7 穗果打顶,每穗留果 4 个。

(3)保花保果　用浓度为 25～50 毫克/千克番茄灵蘸花。要求严格掌握浓度,不要重蘸,也不要漏蘸。

5. 病虫害防治　在整个生长季中,注意防治叶霉病、晚疫病、灰霉病、蚜虫、温室白粉虱、美洲斑潜蝇等。

三十一、达尼亚拉(DANIELA F1)

【品种来源】 从以色列海泽拉优质种子公司(HAZERA GENETICS LTD.)引进。

【特征特性】 为无限生长型。长势旺盛,中晚熟,连续坐果能力强。果实红色,扁球形,果肩绿色。单果重120～180克,耐贮运性强。对枯萎病、黄萎病和烟草花叶病毒病抗性强。适应性广,耐低温。适于保护地栽培。

【栽培要点】

1. 栽培方式 起垄栽培,垄宽50厘米,垄高15～20厘米,垄距40～50厘米,株距40～50厘米。每667平方米栽1 600～1 800株。定植前施足基肥。

2. 环境调控

(1)温度 缓苗期白天气温保持在28℃～30℃,夜间为17℃～18℃,地温为18℃～23℃,不通风。缓苗后白天保持25℃～28℃,前半夜为15℃～17℃,后半夜为10℃～13℃。结果期白天保持22℃～28℃,夜间为15℃～18℃。

(2)光照 保持棚膜洁净。在保温的前提下,尽量早揭晚盖草苫。阴天尽量拉起草苫。夏季要注意盖遮阳网遮光降温。

3. 肥水管理 浇足定植水。缓苗后施1次提苗肥,每667平方米施磷酸二铵或三元复合肥15～20千克。第一穗果坐住前,一般不再追肥、浇水,控制植株徒长。特别干旱时补水1～2次,但水量要小。第一穗果长到核桃大小时开始追肥、浇水。每隔15天随水施肥1次,每667平方米每次施硝铵 4～8 千克,绿国宝生物冲施肥 7～12 千克。果实采收期间,每隔 15～20 天随水追肥 1 次,每次每 667 平方米追施三元复合肥 15～20 千克。

4. 植株调整

(1)吊架　缓苗后及时 5 用尼龙绳吊架引蔓。

(2)整枝　单秆整枝,每株留 7～8 穗果打顶,随时抹除新生的枝杈。每穗留果 4～5 个。

(3)保花保果　花期用浓度为 30 毫克/千克防落素喷花。

5. 病虫害防治　在整个生长季中,注意防治叶霉病、晚疫病、灰霉病、根结线虫病、蚜虫、温室白粉虱、美洲斑潜蝇等。

三十二、FA－832(COLETTE F1)

【品种来源】　从以色列海泽拉优质种子公司(HAZERA GENETICS LTD.)引进。

【特征特性】　为无限生长型。生长势强,开花坐果一致。果形扁圆,果实大红色,艳丽。单果重 180～250 克。硬度好,耐贮运。耐低温能力强,对黄萎病、枯萎病、烟草花叶病毒有抗性,适宜日光温室越冬栽培。是发展规模化生产和出口创汇的优良品种。

【栽培要点】

1. 栽培方式　每 667 平方米栽 1700～1800 株。高垄双行,垄面宽 100 厘米左右,垄高 15 厘米,株距 40～50 厘米。定植前施足基肥。

2. 环境调控

(1)温度　定植后至缓苗前一般要保持高温,白天气温保持在 28℃～30℃,夜间为 15℃～18℃;缓苗后,白天为 23℃～27℃,夜间为 12℃～15℃;开花结果期白天为 22℃～26℃,夜间为 10℃～15℃。

(2)湿度　空气相对湿度为 50%～65%,土壤相对含水量为 65%～85%,忌大水漫灌,宜小水勤浇。冬、春低温季节为降低湿度,一般每天通风 2 次:第一次在日出后棚内温度升高到 22℃～25℃时进行,通风 20～30 分钟;第二次在棚内温度再次升高到 25℃时进行,通风 1～2 小时。

3. 肥水管理　从定植至第一穗果坐住,施 1 次提苗肥,每 667 平方米施绿营高生态复合肥 10～15 千克,浇小水 1～2 次。从第一穗果至第五穗果坐住,每隔 15 天随水施肥 1 次,每次每 667 平方米追施绿国宝生物肥 5～10 千克。在果实采收期间,每隔 15～20 天随水追肥 1 次,每次每 667 平方米追施绿国宝生物肥 10～15 千克,或硝酸铵 10 千克,或硫酸钾 20 千克。

4. 植株调整

(1)吊架　第一花序开花后及时搭架,用尼龙绳吊架引蔓。

(2)整枝　单秆整枝,及时摘除侧枝。每株留 7～10 穗果打头,每穗留果 3～5 个。

(3)保花保果　每穗开 2～3 朵花时,用浓度为 25～30 毫克/千克防落素喷花序,每序花只喷 1 次。

5. 病虫害防治　冬春或春季日光温室栽培,要注意防治灰霉病、晚疫病和白粉虱。

三十三、FA－1420(NERISSA F1)

【品种来源】 从以色列海泽拉优质种子公司(HAZERA GENETICS LTD.)引进。

【特征特性】 为无限生长型。植株生长旺盛,叶片适中,早熟。在高温下开花坐果能力极强,每穗开花 6～8 朵,开花整齐,果实均匀一致。单果重 160～220 克。果呈扁球形,亮红色,着色均匀,口感好。耐贮藏,耐运输,保鲜期长。抗线虫病,对根腐病、茎基腐病及黄萎病、枯萎病 1 号和 2 号生理小种、烟草花叶病毒病有抗性。适宜春、夏、秋三季栽培,适合于土传病害严重发生地区种植。

【栽培要点】

1. 栽培方式 每 667 平方米栽 1 600～1 900 株。高垄双行,垄面宽 100 厘米左右,垄高 15 厘米,株距 40～50 厘米。定植前施足基肥。

2. 环境调控

(1)温度 缓苗期白天温度保持在 25℃～28℃,晚上不低于 15℃;开花坐果期白天温度为 20℃～25℃,晚上不低于 10℃。结果期 8～17 时,温度为 22℃～26℃,17～22 时为 13℃～15℃,22 时至翌日 8 时为 7℃～13℃。

(2)湿度 通过地面覆盖、滴灌或暗灌、通风排湿等措施调控空气相对湿度,使空气相对湿度保持在 50%～65%。

3. 肥水管理 缓苗后随水冲施催苗肥 1 次,每 667 平方米施硫酸钾复合肥 10～15 千克。之后第一穗果坐果前,尽量不再浇水。从第一穗果至第五穗果坐住,每隔 15 天随水施肥

1 次,每次每 667 平方米施腐殖酸冲施肥 10～20 千克。在果实采收期间,每隔 15～20 天随水追肥 1 次,每次每 667 平方米追施绿国宝生物肥 10～15 千克,并用 0.2％磷酸二氢钾溶液喷施叶面。

4. 植株调整

(1)吊架 当植株高度为 30～40 厘米时,应进行吊架引蔓。

(2)整枝 单秆整枝。采用无限生长形式或掐头形式。每株收获 12 穗以上,每穗可留果 3～4 个。

(3)保花保果 在花期用浓度为 25～40 毫克/千克防落素,喷花或涂抹花柄。

5. 病虫害防治 主要病虫害有早疫病、晚疫病、灰霉病、蚜虫、白粉虱。应采用农业防治、物理防治为主,科学使用化学农药为辅的防治方法。

三十四、FA—189(ANATH F1)

【品种来源】 从以色列海泽拉优质种子公司(HAZERA GENETICS LTD.)引进。

【特征特性】 为无限生长型。植株生长旺盛,叶片适中,果早熟。单果重 150～250 克。果型大,呈扁球形,果实亮红色,富有光泽,无绿果肩,萼片大,色泽好,口感极佳。果皮坚硬,耐贮运,保鲜期特长。每穗开花 6～8 朵,开花整齐,果实均匀一致。对黄萎病、枯萎病 1 号和 2 号生理小种、烟草花叶病毒病有抗性。在高温条件下开花、坐果能力极强,既适应周年种植,又适应提前打头集中采收。适合早春、秋季温室栽培及越夏栽培。

【栽培要点】

1. 栽培方式　每 667 平方米栽 1 600～1 800 株。高垄双行,垄面宽 100 厘米左右,垄高 15 厘米,株距 40～50 厘米。定植前施足基肥。

2. 环境调控

(1)温度　缓苗期间温度可适当高些,白天可以达到 30℃。缓苗后,白天适宜温度为 22℃～25℃,夜间为 13℃～15℃。结果期白天适宜温度为 22℃～28℃,夜间为 15℃～18℃。冬季保护地生产由于受各方面条件的限制,地温尽量不低于 15℃。

(2)光照　覆盖透光性好的乙烯—醋酸乙烯膜,经常清扫棚膜上的碎草和杂物。尽量早揭晚盖草苫。

3. 肥水管理　浇足定植水,并挖穴或开沟施肥 1 次,每 667 平方米施酵素菌肥 20～25 千克。第一穗果坐住前,一般不再追肥、浇水,特别干旱时补水 1～2 次,但水量要小。第一穗果长到核桃大小时,开始追肥、浇水,每隔 15 天随水施肥 1 次,每 667 平方米施绿国宝生物冲施肥 5～10 千克。在果实采收期间,每隔 15～20 天随水追肥 1 次,每次每 667 平方米追施复合肥 10～15 千克。

4. 植株调整

(1)吊架　第一花序开花后及时搭架,用尼龙绳吊架引蔓。

(2)整枝　单秆整枝,早除侧枝,每株保留 7～10 穗果打顶,每穗留果 3～4 个。

(3)保花保果　同一花序有 3～4 朵花开放时,用浓度为 15～20 毫克/千克 2,4-D 蘸花,1 次蘸完即可。

5. 病虫害防治　在整个生长季中,注意预防叶霉病、晚疫病等。

三十五、FA—852(FRANCOISE F1)

【品种来源】　从以色列海泽拉优质种子公司(HAZERA GENETICS LTD.)引进。

【特征特性】　为无限生长型。长势旺盛,早熟。在低温条件下连续坐果能力强。大果型,呈扁圆形,果色亮红,富有光泽。产量高。单果重 150～250 克。果皮厚,耐贮藏,耐运输。每穗开花 6～8 朵,开花整齐,果实均匀。对黄萎病 1 号和 2 号生理小种、烟草花叶病毒病有抗性。适合春茬、秋延迟、越冬栽培。

【栽培要点】

1. 栽培方式　每 667 平方米栽 1 600～1 800 株,高垄双行,垄面宽 100 厘米左右,垄高 15 厘米,株距 40～50 厘米。定植前施足基肥。

2. 环境调控

(1)温度　整个生育期要尽量在较长时间内保持 20℃～25℃日温和 13℃～17℃夜温,并要根据不同生育阶段进行适当调整。

(2)湿度　通过合理浇水及通风换气,使室内空气相对湿度达 50％～65％,土壤湿度达 65％～85％。

3. 肥水管理　从定植后至缓苗前一般不浇水,缓苗后可根据土壤状况适当浇水,以后在第一穗果坐住之前不浇水。如特别干旱,可在膜下轻浇水。当第一穗果长到核桃大小,第三花序刚开花时,开始浇水施肥,每隔 10～15 天浇 1 次,并结合浇水冲施尿素或磷酸二铵,每次每 667 平方米施 8～10 千克。

4. 植株调整

(1)吊架 当株高 40 厘米时,及时牵引植株,用塑料绳吊架引蔓。

(2)整枝 单秆整枝,打掉侧枝。每株留 7～10 穗果后掐头,每穗留果 3～4 个。

(3)保花保果 用 25～30 毫克/千克防落素溶液在花期喷花或涂抹花柄。

5. 病虫害防治 在整个生长季中,注意防治叶霉病、晚疫病、灰霉病、根结线虫病、蚜虫、温室白粉虱、美洲斑潜蝇。

三十六、FA－179(BRILANTE)

【品种来源】 从以色列海泽拉优质种子公司(HAZERA GENETICS LTD.)引进。

【特征特性】 为无限生长型。中熟。长势旺盛,连续坐果性好。花序大,花朵多,每穗开花 6～8 朵,开花整齐。大果型,单果重 130～200 克,产量高。果实均匀,呈球形,果色红亮,富有光泽。果皮厚,耐贮运。抗病性强,对枯萎病生理小种 1 号和 2 号、根腐枯萎病、黄萎病生理小种 1 号、烟草花叶病毒病有抗性。春、秋、冬季均可种植。

【栽培要点】

1. 栽培方式 按大、小行起垄定植,大行距 100 厘米,小行距 60 厘米,株距 40～45 厘米。每 667 平方米定植 1 600～

1 800 株。定植前施足基肥。

2. 环境调控

(1)温度　定植后,白天温度应保持 22℃～25℃,夜间为 10℃～15℃;坐果后白天为 25℃～28℃,夜间为 12℃左右。

(2)湿度　空气相对湿度 50%～65%,土壤相对含水量 65%～85%。忌大水漫灌,宜小水勤浇,并注意通风降湿。

3. 肥水管理　浇足定植水,缓苗后控制浇水,直到第一花序开花坐果之前,不再轻易浇水,若植株干旱时只少量浇水。第一穗果长到核桃大小时开始追肥、浇水,每隔 15 天随水施肥 1 次,每次每 667 平方米施硝铵 7～10 千克,绿国宝生物冲施肥 10～15 千克。结果盛期每隔 15～20 天随水追肥 1 次,每次每 667 平方米随水冲施磷酸二铵 10 千克,硫酸钾 10 千克。

4. 植株调整　单秆整枝,将叶腋发出的侧枝全部摘除。每株留 6～10 穗果,最后一穗开花后,在花序之上留 2 片叶摘心。每穗留果 4～5 个。用 25～35 毫克/千克番茄灵蘸花,以保花保果。

5. 病虫害防治　在整个生长季中,注意预防叶霉病、晚疫病等。

三十七、FA－870(ADIGAIL)

【品种来源】　从以色列海泽拉优质种子公司(HAZERA GENETICS LTD.)引进。

【特征特性】　为无限生长型。植株生长旺盛,中熟。在低温下开花坐果能力极强,既适合周年种植,又适合提前打头集中采收。单果重 140～200 克。果型大,呈扁球形,果实大小均匀,果面平整光滑不起棱,果色鲜红富有光泽,无绿果肩,萼片大,色泽好,口感极佳。果皮坚硬,耐贮运,保鲜期长。抗黄萎病、枯萎病 1 号和 2 号生理小种、烟草花叶病毒病。适合早春、秋季温室种植栽培。

【栽培要点】

1. 栽培方式　每 667 平方米定植 1800～2000 株。高垄双行,垄面宽 100 厘米左右,垄高 15 厘米,株距 40～45 厘米。定植前施足基肥。

2. 环境调控

(1)温度　在定植后的缓苗期要提高室内温度,以促进缓苗,一般温度不超过 30℃不通风。缓苗后逐渐通风,以防止幼苗徒长,白天保持 25℃～28℃,夜间为 13℃～17℃。开花期对温度要求比较严格,白天室温保持在 24℃～26℃,夜间为 16℃～18℃。果实膨大期白天温度保持 25℃～28℃,夜间为 16℃～18℃。盛果期白天温度不宜偏高,保持在 20℃～25℃,夜间为 16℃～20℃。

(2)光照　采用透光保温性能好的无滴膜,晴天尽量早揭草苫,阴天也要揭草苫,每天揭开草苫后,要清洁薄膜,以提高透光率。

3. 肥水管理　缓苗后挖穴或开沟施 1 次提苗肥,每 667 平方米施绿国宝生物复合肥 10～15 千克,浇小水 1～2 次。第一花序坐果后,每 667 平方米用三元复合肥 20 千克对水浇施,以后每隔 5～20 天用硝酸铵 8 千克、硫酸钾 10 千克随水浇施。此期每隔 7～10 天喷 1 次叶面肥。在果实采收期间,每隔 15～20 天随水追肥 1 次,每次每 667 平方米冲施白加黑冲施肥 15～20 千克。

4. 植株调整

(1)吊架　当植株高度为30～40厘米时,进行吊架引蔓。

(2)整枝　单秆整枝,开花后将6～7厘米长的侧枝全部去掉。每株留7～8穗果掐头。疏花疏果,每穗留果3～5个。

(3)保花保果　将开有3～4朵花的花穗在25～50毫克/千克番茄灵药液中浸蘸一下,然后用小碗接住从花序上滴下的药液。

5. 病虫害防治　在整个生长季中,注意防治早疫病、叶霉病、灰霉病、温室白粉虱、美洲斑潜蝇等。

三十八、安达1号(ANDE F1)

【品种来源】　由山东省寿光市明天种业有限公司从以色列泽文种子公司(ZERAIM GEDERA)引进。

【特征特性】　为无限生长型。植株生长旺盛,叶片适中。开花整齐,坐果能力强,产量极高。果扁圆形,无青皮果,颜色鲜红,有光泽,转色快,大小均匀。单果重180～240克。果皮厚,硬度大,耐贮运,货架期长。高抗根结线虫病,抗早疫病、晚疫病。对环境适应能力极强,耐低温。适宜秋延迟、越冬栽培及早春栽培。

【栽培要点】

1. 栽培方式　按大、小行做垄定植,大行距90厘米,小行距70厘米,株距45～50厘米。每667平方米定植1 700～1 900株。定植前施足基肥。

2. 环境调控

(1)温度　生长期间,白天室内温度保持在23℃～25℃,

超过 27℃时开始通风,夜间为 16℃～18℃。夜间温度管理,在日落后 5 小时内保持较高温度,后半夜保持较低温度。

(2)湿度 定植后,保持较高的空气相对湿度;进入开花坐果期,空气相对湿度保持在 75%～80%。

3. 肥水管理 在浇足定植水的基础上,缓苗后要控制浇水,第一花序开花坐果前不轻易浇水,若植株干旱时只少量浇水。第一穗果长到 3～4 厘米大小时开始追肥、浇水,以后每隔 15 天随水施肥 1 次,每次每 667 平方米施狮马复合肥15～20 千克,腐殖酸 2～3 千克。在果实采收期间,每隔 15～20 天随水追肥 1 次,每次每 667 平方米随水冲施狮马复合肥15～20 千克。

4. 植株调整

(1)吊架 第一花序开花时,用聚丙烯塑料绳吊架引蔓。

(2)整枝 单秆整枝,将叶腋长出的侧枝全部摘除。每株留6～8 穗果,最后一穗花序开花后,在花序之上留 2 片叶摘心。每穗留果 3～5 个。

(3)保花保果 在花期用 25～40 毫克/千克防落素溶液喷花或涂抹花柄。

5. 病虫害防治 在整个生长中,注意预防叶霉病、晚疫病等。

三十九、安达 2 号(ANDA F1)

【品种来源】 由山东省寿光市明天种业有限公司从以色列泽文种子公司(ZERAIM GEDERA)引进。

【特征特性】 为无限生长型。中熟。生长势特强,叶片短而厚,连续坐果能力极强,产量极高。果扁圆形,颜色鲜红,有光泽,转色快,果实大小均匀。单果重220～250克。果皮厚,硬度大,耐贮运。高抗根结线虫病。对环境适应能力极强,耐低温。适宜保护地越冬及早春栽培。

【栽培要点】

1. 栽培方式 定植前施足基肥。按大、小行做垄定植,大行距90厘米,小行距60厘米,株距45～50厘米。每667平方米定植1 600～1 800株。

2. 环境调控

(1)温度 定植后白天温度应保持28℃～30℃,超过30℃时通风降温,夜间保持15℃左右。进入开花期,白天温度控制在25℃左右,夜间为14℃左右。坐果后适当提高温度,白天为25℃～28℃,夜间为14℃左右,最好不低于10℃。

(2)光照 深冬季节在温室后墙上张挂反光幕,以改善室内的光照条件。在整个栽培期间,应早揭晚盖草苫,尽量让植株多见光。

3. 肥水管理 在浇足定植水的基础上,缓苗后要控制浇水,一直到第一花序开花坐果前不轻易浇水。若植株干旱时,只少量浇水。第一穗果长到核桃大小时开始追肥、浇水,以后每隔15天随水施肥1次,每次每667平方米施硝铵5～8千克,绿国宝生物冲施肥10～15千克。在果实采收期间,每隔15～20天随水追肥1次,每次每667平方米随水冲施磷酸二铵10千克,硫酸钾10千克。

4. 植株调整

(1)吊架 第一花序开花后,用塑料绳吊架引蔓。

(2)整枝 单秆整枝。当叶腋内的侧枝长至10～15厘米长时全部摘除。每株留7～10穗果,每穗留果3～5个。

（3）保花保果 用 25～35 毫克/千克番茄灵蘸花。

5. 病虫害防治 在整个生长季中，注意预防叶霉病、晚疫病等。

四十、红利（DON JOSE F1）

【品种来源】 从法国太子（TEZIER）公司引进。

【特征特性】 为无限生长型。果实圆正，光滑，大红色。果实皮厚、坚韧，耐运输，抗激素刺激，不易变形。平均单果重达 250 克。抗逆性强，适宜越冬栽培。

【栽培要点】

1. 栽培方式 采用宽窄畦、高低垄栽培法栽培，大行距 100 厘米，小行距 60 厘米，株距 35～40 厘米，每 667 平方米栽植 2 000～2 300 株。

2. 环境调控

（1）温度 定植初期白天温度控制在 28℃～30℃。缓苗后白天温度控制在 20℃～25℃，夜间为 15℃左右，以利于开花坐果。结果期以后，白天温度为 20℃～25℃，前半夜为 13℃～15℃，后半夜为 7℃～10℃；地温为 18℃～20℃，一般不低于 15℃。

（2）湿度 定植后保持棚内湿度，以利于缓苗。缓苗后，通过通风降低棚内湿度，尤其是开花结果期要保持较低湿度，以防止病害发生。

3. 肥水管理 从定植至第一穗果坐住，施 1 次提苗肥，每 667 平方米施纳米缓/控释专用复混肥 20～30 千克，浇小水 1～2 次。从第一穗果至第五穗果坐住，每隔 15 天随水施肥 1 次，每次每 667 平方米追施狮马复合肥 10～15 千克。在果实采收期间，每隔 15～20 天随水追肥 1 次。每次每 667 平方米冲施绿国宝冲施肥 10～15 千克。

4. 植株调整 采用塑料绳吊蔓栽培。单秆整枝，当侧枝长至 6 厘米长时及时摘除。花期用 30～50 毫克/千克的番茄丰产剂 2 号喷花保果。每株留 5～10 穗果，每穗留果 4 个以上。

5. 病虫害防治 红利番茄易发生早疫病、晚疫病、灰霉病、叶霉病等，虫害有茶黄螨、蚜虫、白粉虱、蓟马等。注意选用相应的低毒农药及早防治。

四十一、瑰丽 300（ROSE 300 F1）

【**品种来源**】 从美国阿特拉斯（ATLAS）种子公司引进。

【**特征特性**】 为无限生长型。早熟。果实圆形，鲜红色，大小一致，无青果肩。单果重 180 克左右。果实肉厚坚硬，特耐贮藏，适合长距离运输。植株抗病性好，坐果能力强。适宜保护地全年一大茬栽培和露地春、夏、秋季栽培。保护地全年栽培，每 667 平方米最高产量可达 20 000 千克左右。

【**栽培要点**】

1. 栽培方式 可参考当地其他茄果类蔬菜作物的做畦方式做畦。定植期可根据各地区栽培方式确定。每 667 平方米栽植 2 000 株左右。定植前施足基肥。

2. 环境调控

（1）温度 缓苗期白天适温为 25℃～28℃，晚上不低于 15℃；开花坐果期白天为 20℃～25℃，晚上不低于 10℃；结果期进行变温管理,8～17 时为 22℃～26℃,17～22 时为 13℃～15℃,22 时至翌日 8 时为 8℃～13℃。

(2)光照　大棚采用透光性好的耐候功能膜。冬、春季保持膜面清洁,日光温室后部张挂反光幕。夏、秋季适当遮阳降温。

3. 肥水管理

(1)浇水　定植后及时浇缓苗水,结果前适当控制水分,当第二花序坐果时浇催果水,盛果期尽量保持土壤湿润。根据植株长相、气候情况及栽培方式掌握浇水量,尽量避免空气相对湿度过大。

(2)追肥　第一穗果膨大中期进行叶面喷肥,盛果期结合浇水追施复合肥,并喷施 0.1％尿素和 0.3％磷酸二氢钾溶液 2～3 次,每隔 5～7 天喷 1 次。

4. 植株调整

(1)吊架　当植株高度为 30～40 厘米时用绳吊架引蔓。

(2)整枝　采用一秆半整枝,即除保留主秆外,再留紧靠第一花序下部的 1 根强侧枝,将其他侧枝全部摘除。当杈枝 6～7 厘米长时,选择晴天打杈。每株留 4～6 穗果,每穗留果 5～6 个。

(3)保花保果　使用沈农 2 号保花保果。其药液使用浓度主要取决于当时的气温,温度越低使用浓度越高,温度越高使用浓度越低。

5. 病虫害防治　注意防治叶霉病、早疫病、晚疫病、温室白粉虱和美洲斑潜蝇等。

四十二、粉安娜(ANNA F1)

【品种来源】 由上海长禾农业发展有限公司从法国 CRIFFATON 公 司（CRIFFATON PRODUCTEUR GRAINIER)引进。

【特征特性】 为无限生长型。植株长势旺而稳健,开花数量多,容易坐果,结果可达 15～20 穗。单果重 200～250 克。果形较圆滑,粉红色,色泽漂亮,果肉厚,果实坚硬不易空心,耐贮运。可作越冬和早春茬栽培。

【栽培要点】

1. 栽培方式 采取大小行、小高垄方式栽培。一般大行距 80～90 厘米,小行距 60～70 厘米。每垄栽 2 行,株距 45～50 厘米。每 667 平方米定植 1 800～2 000 株。

2. 环境调控

(1)温度 定植初期昼温控制在 25℃～28℃,夜温不低于 16℃。从缓苗后至开花坐果期昼温保持 20℃～25℃,夜温不低于 15℃,以利于开花坐果。结果期昼温保持 25℃～27℃,夜温 13℃～15℃。

(2)湿度 空气相对湿度为 50%～65%,土壤湿度为 65%～85%,忌大水漫灌,宜小水勤浇。室温达到 28℃时,开始通风降湿。

3. 肥水管理 定植前施足基肥。定植后浇 1 次缓苗水,以后适当控水。当第一穗果坐住并开始膨大到直径 3 厘米时浇促果水,并随水冲施狮马复合肥 10～15 千克。以后根据生长情况,可 15～20 天浇 1 次水,深冬季节采用膜下暗灌,其余时间大小畦齐浇。追肥应掌握每收1穗果追1次肥，以磷酸二铵、尿素、硝铵交替使用为好，每次每667平方米施15～20千克，并配合适量硫酸钾。结果后期用0.3%～0.5%磷酸二氢钾和0.1%～0.2%尿素结合蔬菜灵等进行叶面喷肥。

4. 植株调整

(1)吊架 在第一序花开花时进行吊架引蔓。

(2)整枝 单秆整枝，将侧枝全部去掉。一般每株只留7～10个穗果，第一、第二果穗留3～4个果，第三穗果以后的果穗留4～6个果。

(3)保花保果 用20～40毫克/千克防落素，在花刚开放的当天上午喷花或蘸花。

5. 病虫害防治 在整个生长季中，注意预防晚疫病、灰霉病、蚜虫、白粉虱和美洲斑潜蝇等。

四十三、耐莫塔密(NEMO—TAMMI F1)

【品种来源】 由中国寿光先行农业开发有限公司从以色列尼瑞特种业有限公司(ISRAEL NIRIT SEEDS CO.，LTD)引进。

【特征特性】 为无限生长型。植株生长旺盛，在高温或低温下连续坐果能力均强，具高产潜力。单果重160～220克。果实硬度高，耐裂果，耐贮运。抗黄萎病、花叶病和根结线虫病。适宜根结线虫病高发区早春、秋延迟和深冬栽培。

【栽培要点】

1. 栽培方式 按株距40厘米挖穴栽苗，每667平方米定植1 800株左右，切不可超过2 000株。定植前施足基肥。

2. 环境调控

(1)温度 从定植后至缓苗前,一般要保持高温,以利于缓苗。白天温度保持在 28℃～30℃,夜间为 15℃～18℃;缓苗后白天为 23℃～27℃,夜间为 12℃～15℃;开花结果期日温为 22℃～26℃,夜温为 10℃～15℃。

(2)湿度 定植后保持棚内湿度,以利于缓苗。缓苗后,通过通风降低棚内湿度。尤其是开花结果期,要保持较低湿度,以防止病害发生。

3. 肥水管理 定植 7 天后浇 1 次缓苗水,之后控制水肥,以防止秧苗徒长。当第一穗果长到核桃大小时结束蹲苗,开始追肥浇水。浇水时既不能大水漫灌,也不能忽湿忽干。正确的浇水方法是在小行距浇水,每隔 6～10 天浇 1 次水,每隔 1 次水结合浇水追施 1 次肥,每次每 667 平方米施尿素 10千克,磷酸二铵 10 千克,钾肥 5 千克。花期用 0.02％硼砂进行根外追肥 1～2 次。

4. 植株调整

(1)吊架 第一花序开花后及时搭架,用尼龙绳吊架引蔓。

(2)整枝 单秆整枝,每株留 7 穗果,每穗留果 5～6 个。

(3)蘸花保果 选用沈阳 2 号或保果灵蘸花保果,采用毛笔蘸药液涂抹花柄。

5. 病虫害防治 在日光温室越冬茬栽培时,没有主要病害发生。但要注意防治叶霉病、晚疫病等病害。

四十四、耐莫尼塔(NEMO—NETTA F1)

【品种来源】 由中国寿光先行农业开发有限公司从以色列尼瑞特种业有限公司(ISRAEL NIRIT SEEDS CO.，LTD)引进。

【特征特性】 为无限生长型。生长旺盛,在高温或低温下连续坐果能力均强,极具高产潜力。单果重 160～200 克。抗黄萎病和根结线虫病。适宜根结线虫高发区早春、秋延迟和深冬栽培。

【栽培要点】

1. 栽培方式 按大行距 100 厘米、小行距 80 厘米起垄,按株距 40 厘米挖穴栽苗。每 667 平方米定植 1 600～1 800 株。定植前施足基肥。

2. 环境调控

(1)温度 定植初期,白天温度控制在 18℃～22℃,夜间为 15℃以上;缓苗后,白天为 20℃～24℃,夜间为 8℃～15℃;开花结果期日温为 22℃～26℃,夜温为 10℃～15℃。

(2)湿度 缓苗期大棚要封闭保湿,一般不进行通风。结果前期,白天室内空气相对湿度控制在 65％,夜间控制在 85％,以保持叶面不形成水膜为宜。早晚可通顶风 0.5～1 小时,当外界气温稳定在 12℃以上时,可昼夜通风排湿。

3. 肥水管理 从定植至第一穗果坐住,施 1 次提苗肥,每 667 平方米施绿国宝生物复合肥 15～20 千克,浇小水 1～2 次。从第一穗果至第五穗果坐住,每隔 15 天随水施肥 1 次,每次每 667 平方米随水冲施绿国宝冲施肥 10～15 千克。

在果实采收期间,每隔 15～20 天随水追肥 1 次,每次每 667 平方米追施白加黑冲施肥10～15 千克。

4. 植株调整

(1)吊架　第一花序开花后及时搭架,用尼龙绳吊架引蔓。

(2)整枝　单秆整枝,每株留 6～8 穗果,每穗留果 5～6 个。

(3)保花保果　花期用 25～30 毫克/千克防落素喷花,以提高坐果率。

5. 病虫害防治　高温季节,易发生花叶病毒病;低温季节易引起叶霉病、早疫病、晚疫病等真菌病害的发生。采用相应的药物及早防治。

四十五、杰旺德(JEWELLER F1)

【品种来源】　由北京天地园种苗有限公司从荷兰安莎种子集团公司(ENZA ZADEN)引进。

【特征特性】　为无限生长型。植株生长强健,果实扁圆形。熟果鲜红,整齐美观,硬实度好,萼片翠绿平展。每序花以结 6～7 个果为宜,留 4～5 个果。单果重200～220 克。抗烟草花叶病、黄萎病和枯萎病。适宜 8 月上中旬在大棚温室定植,进行越冬栽培。

【栽培要点】

1. 栽培方式　每 667 平方米定植 1 700～1 800 株。高垄双行,垄面宽 100 厘米左右,垄高 15 厘米,株距 40～50 厘米。定植前施足基肥。

2. 环境调控

(1)温度 从定植后至缓苗前,一般要保持高温缓苗,白天温度保持在 28℃～30℃,夜间为 15℃～18℃;缓苗后,白天为 23℃～27℃,夜间为 12℃～15℃。开花结果期白天为 22℃～26℃,夜间为 10℃～15℃。

(2)光照 日光温室要使用聚氯乙烯无滴膜,每天掀起草苫清扫棚膜上的碎草和杂物,以提高透光率。在保温的前提下,草苫要尽量早揭晚盖。阴天也要卷起草苫。

3. 肥水管理 第一穗果实膨大前,要严格控制浇水,以防止徒长。第一穗果实膨大时,每 667 平方米结合浇水,追施腐熟人粪尿 200～300 千克,硫酸钾 10～15 千克,过磷酸钙 8～10 千克。浇水后,白天加强通风,尽可能降低温室内的空气相对湿度,以防止病害发生。在果实采收期间,每隔 15～20 天随水追肥 1 次,每次每 667 平方米追施绿国宝冲施肥 10～15 千克。

4. 植株调整

(1)吊架 第一序花开花时用绳吊架引蔓。

(2)整枝 进行单秆整枝,开花前不打杈,开花后将侧枝全部去掉。打杈不能过早,在杈枝长到 3 厘米长时去除为宜。留 7～10 穗果掐头。每穗留果 3～5 个。

(3)保花保果 用 25～40 毫克/千克防落素保花保果,在花期喷花或涂抹花柄。

5. 病虫害防治 生长期间注意预防叶霉病、晚疫病、灰霉病、病毒病。虫害主要防治粉虱、斑潜蝇、蚜虫。

四十六、吉朗达(GIRONDA F1)

【品种来源】 由北京天地园种苗有限公司从荷兰安莎种子集团公司(ENZA ZADEN)引进。

【特征特性】 为无限生长型。植株生长强健,果实扁圆形,熟果鲜红,硬实度好,整齐美观,萼片翠绿平展。单果重在200～220克。每序花留4～5个果。抗烟草花叶病、番茄黄萎病和枯萎病。

【栽培要点】

1. 栽培方式 每667平方米定植1700～1900株。高垄双行,垄面宽100厘米左右,垄高15厘米,株距40～50厘米。定植前施足基肥。

2. 环境调控

(1)温度 缓苗前白天温度保持在28℃～30℃,夜间为15℃～18℃;缓苗后,白天为23℃～27℃,夜间为12℃～15℃;开花结果期白天为22℃～26℃,夜间为10℃～15℃。

(2)湿度 空气相对湿度以控制在65%～70%为宜,避免浇明水,浇水后及时通风。喷药后及时通风排湿,阴天防治病害时用烟雾剂和粉尘剂,不用水剂喷洒。做到先提室温,后放风排湿。

3. 肥水管理 从定植至第一穗果坐住,施1次提苗肥,每667平方米施绿营高生态肥20～25千克,浇小水1～2次。从第一穗果至第五穗果坐住,每隔15天随水施肥1次,每次随水冲施绿国宝冲施肥12～15千克。在果实采收期间,每隔15～20天随水追肥1次,每次每667平方米追施白加黑冲施肥 15～20 千克。

4. 植株调整

(1)吊架 第一序花开花时吊架引蔓。

(2)整枝 单秆整枝,将叶腋萌发的所有侧枝及早抹除。一般每株留 8 穗果,每穗留果 3～5 个。

(3)保花保果 一般用 25～40 毫克/千克防落素保花保果,在花期喷花或涂抹花柄。

5. 病虫害防治 在整个生长季中,注意防治晚疫病、灰霉病和蚜虫、温室白粉虱、美洲斑潜蝇等。

四十七、美人(BEIIE F1)

【品种来源】 由北京天地园种苗有限公司从荷兰安莎种子集团公司(ENZA ZADEN)引进。

【特征特性】 为无限生长型。植株生长势旺盛,果实扁圆形。熟果鲜红,无绿肩,硬实度好,整齐美观,货架期长。每序花结果6～7 个。单果重 180～220 克。耐热性良好。抗病性强,抗烟草花叶病毒病、黄萎病、枯萎病。适宜越夏和秋延迟栽培。

【栽培要点】

1. 栽培方式 可参考当地其他茄果类蔬菜作物的做畦方式做畦。定植期可根据各地区栽培方式确定。每 667 平方米种植1 800～2 000 株。定植前施足基肥。

2. 环境调控

(1)温度 番茄定植后,白天温度应保持 22℃～25℃,夜间为 10℃～15℃;坐果后要提高温度,白天保持 25℃～28℃,

夜间为 12℃ 左右。在深冬季节,棚温可短时间达到 30℃,不可通大风降温,以防止温度过低。

(2)光照 在整个栽培期间,在保证正常室温,不过分降低棚内温度的前提下,应早揭晚盖草苫,尽量让植株多见光。

3. 肥水管理 从定植至第一穗果坐住,施 1 次提苗肥,每 667 平方米施绿国宝生物复合肥 15～20 千克,浇小水 1～2 次。从第一穗果至第五穗果坐住,每隔 15 天随水施肥 1 次,每次随水冲施绿国宝冲施肥 8～10 千克。在果实采收期间,每隔 15～20 天随水追肥 1 次,每次每 667 平方米追施白加黑冲施肥 10～15 千克。

4. 植株调整

(1)吊蔓 植株具有 6～7 片叶时,用塑料绳吊蔓。

(2)整枝 单秆整枝,摘除全部叶腋内的侧枝。打杈应在侧枝长到 7～10 厘米长时进行。每穗留果 5～7 个。

(3)保花保果 用 10～15 毫克/千克 2,4-D 或 25～35 毫克/千克番茄灵蘸花。

5. 病虫害防治 用百菌清、多菌灵、代森锰锌、甲基硫菌灵喷雾防治叶霉病、早疫病、晚疫病等。结合蘸花,用多菌灵防治灰霉病。

四十八、卡拉巴(CALIBRA F1)

【品种来源】 由北京天地园种苗有限公司从荷兰安莎种子集团公司(ENZA ZADEN)引进。

【特征特性】 为无限生长型。植株生长健壮,坐果能力强,丰产性好。果实扁圆形,熟果红色均匀,硬实度好,风味优良,货架期长。单果重 150～160 克。可单果或整序果采收。抗病性强,抗烟草花叶病、黄萎病和枯萎病。适宜保护地或露地栽培。

【栽培要点】

1. 栽培方式 每 667 平方米栽 2 000～2 100 株。高垄双行,垄面宽 100 厘米左右,垄高 15 厘米,株距 40～45 厘米。定植前施足基肥。

2. 环境调控

(1)温度 定植后 3 天内尽量不通风,以利于促进缓苗。缓苗后温室内昼温控制在 24℃～27℃,高于 30℃及时通风降温,夜温控制在 15℃～18℃。深冬季节若遇连阴天,可在草苫上覆旧棚膜保温,保持室内温度不低于 13℃。

(2)光照 冬、春季晴天,草苫要早揭晚盖,尽量延长光照时间。阴天要按时揭盖,多接受散射光。雨雪天气也要适量透光。

3. 肥水管理 定植 4～6 天后浇缓苗水,以后根据干湿情况浇小水 1～2 次,以利于缓苗,促进幼苗生长。果实长到核桃大小时,浇果实膨大水。在果穗采收前 7～10 天,酌情浇水并追肥,每 667 平方米追施狮马复合肥 15～20 千克,还可用磷酸二氢钾做叶面喷肥。

4. 植株调整

(1)吊架 当株高 40 厘米时,及时用塑料绳吊架引蔓。

(2)整枝 单秆整枝。当第八穗果坐稳后,在果穗上留 2 片叶打顶。每穗留果 4～6 个。

(3)保花保果 用浓度为 10～20 毫克/千克 2,4-D 涂抹花朵离层部位。

5. 病虫害防治 在整个生长季中,注意防治叶霉病、早疫病、晚疫病、灰霉病、蚜虫、温室白粉虱和美洲斑潜蝇等。

四十九、佩坦赞(PITENZA F1)

【品种来源】 由北京天地园种苗有限公司从荷兰安莎种子集团公司(ENZA ZADEN)引进。

【特征特性】 为无限生长型。植株生长势中等,在高温和低温条件下坐果能力均强。花序整齐规则,每序留果6~8个,可整序采收。单果重100~120克。果实近圆形,熟果亮红色,整齐诱人。果实硬度好,货架期长。抗病性强,抗烟草花叶病毒病、黄萎病、枯萎病。适宜保护地或露地栽培。

【栽培要点】

1. 栽培方式 每667平方米栽2 100株左右。高垄双行,垄面宽100厘米左右,垄高15厘米,株距40~50厘米。定植前施足基肥。

2. 环境调控

(1)温度 植株生长的白天适宜温度为20℃~25℃,夜间为13℃~17℃,日温最高界限是35℃,夜温最低界限是5℃。在整个生育期,要尽量保持较长时间的20℃~25℃日温和13℃~17℃夜温,并要根据不同生育阶段进行适当调整。

(2)光照 覆盖长寿无滴膜,及时清扫棚膜上的碎草和杂物。尽量早揭晚盖草苫。

3. 肥水管理 第一穗果实膨大前,严格控制浇水,以防止徒长。如特别干旱,可在膜下轻浇暗水。当第一穗果如核桃大小,第三花序开花时,开始浇水施肥,每隔10~15天施1

次,每次每 667 平方米结合灌水冲施尿素或磷酸二铵 10～15
千克。浇水后,白天加强通风,尽可能降低温室内空气相对湿
度。

4. 植株调整

(1)吊架 当植株高达 35 厘米时,及时用绳吊架引蔓。

(2)整枝 单秆整枝。第六至第八穗花上方留 2 片叶摘
心。每穗留果 5～8 个。

(3)保花保果 用 25～50 毫克/千克的番茄灵溶液处理
花朵。

5. 病虫害防治 在整个生长季中,注意防治叶霉病、晚
疫病、灰霉病和温室白粉虱、美洲斑潜蝇等。

五十、波里蒂(PRETTY F1)

【品种来源】 由北京天地园种苗有限公司从荷兰安莎种
子集团公司(ENZA ZADEN)引进。

【特征特性】 为无限生长型。植株长势强健。果实高扁
圆形,均匀整齐,熟果亮红色。单果重 150～160 克。果实硬
度好,货架期长。抗病性强,抗烟草花叶病毒病、黄萎病、枯萎
病及根结线虫病。适宜大棚或温室栽培。

【栽培要点】

1. 栽培方式 每 667 平方米栽 2 100～2 300 株。高垄双
行,垄面宽 100 厘米左右,垄高 15 厘米,株距 40～50 厘米。
定植前施足基肥。

2. 环境调控

(1)温度 整个生育期要尽量保持较长时间的 20℃～

25℃日温和13℃～17℃夜温,并根据不同生育阶段进行适当调整。冬、春季加温保温,避免低温冷害;夏、秋季加大通风,防止高温伤秧。

(2)光照　覆盖透光性好的长寿无滴膜,及时清扫棚膜上的碎草和杂物。尽量早揭晚盖草苫,阴天也要打开草苫。

3. 肥水管理　第一穗果实膨大前,严格控制浇水,以防止徒长。如特别干旱,可在膜下轻浇暗水。当第一穗果如核桃大小,第三花序开花时,开始浇水施肥,每隔10～15天浇1次,每次每667平方米结合灌水冲施狮马复合肥10～12千克。浇水后,白天要加强通风,尽可能降低温室内的空气相对湿度。

4. 植株调整

(1)吊架　第一花序开花后,及时用尼龙绳吊架引蔓。

(2)整枝　单秆整枝。第六至第八穗花上方留2片叶摘心,并及时摘除多余的分枝及老叶、黄叶和病叶。每穗留果4～6个。

(3)保花保果　用25～50毫克/千克番茄灵溶液蘸花。

5. 病虫害防治　在整个生长季中,注意防治叶霉病、早疫病、晚疫病和温室白粉虱、美洲斑潜蝇等。

五十一、法多(FADO F1)

【品种来源】　由北京天地园种苗有限公司从荷兰安莎种子集团公司(ENZA ZADEN)引进。

【特征特性】　为无限生长型。植株生长旺盛,坐果率高,每花序坐果6～8个。单果重120～130克。果实硬度好,颜色红亮,可整穗采收。抗病性强。适合春、秋季日光温室栽培。

【栽培要点】

1. 栽培方式 每 667 平方米栽植 2 200 株左右。高垄双行,垄面宽 100 厘米左右,垄高 15 厘米,株距 40～50 厘米。定植前施足基肥。

2. 环境调控

(1)温度 缓苗前大棚内白天温度保持 30℃～32℃,夜间为 15℃～20℃;缓苗后开花前白天为 25℃～30℃,夜间13℃～15℃;开花期白天为 25℃～30℃,夜间为 15℃～20℃,不宜低于 15℃;结果期白天为 26℃～28℃,尽量不超过30℃,夜间为16℃～20℃。

(2)光照 覆盖长寿无滴膜,经常清扫棚膜上的碎草和尘土。在保温的前提下,尽量早揭晚盖草苫。阴天也要揭开草苫。

3. 肥水管理 第一穗果实膨大前严格控制浇水,以防止徒长。如特别干旱,可在膜下轻浇暗水。当第一花序果实如核桃大小,第三花序花蕾刚开时,开始浇水施肥,每 10～15 天浇 1 次,每次每 667 平方米结合灌水冲施绿国宝生物肥 15～20 千克。冬季如有条件,尽量使用日晒温水浇灌。浇水后,白天加强通风,尽可能降低温室内空气相对湿度,以防止病害发生。

4. 植株调整

(1)吊架 当植株高达 25 厘米时,及时用尼龙绳吊架引蔓。

(2)整枝 单秆整枝。第六至第八穗花上方留 2 片叶摘心。每穗留果 3～4 个。

(3)保花保果　用 25～50 毫克/千克番茄灵蘸花。

5. 病虫害防治　在整个生长季中,注意防治叶霉病、早疫病、晚疫病、灰霉病和蚜虫、温室白粉虱、美洲斑潜蝇等。

五十二、新德尔(CINDEL F1)

【品种来源】　由北京天地园种苗有限公司从荷兰安莎种子集团公司(ENZA ZADEN)引进。

【特征特性】　为无限生长型。植株生长旺盛,坐果率高。单果重 120～130 克。果实硬度好,红亮色。可整果穗采收。抗烟草花叶病毒病、黄萎病和枯萎病。适合春、秋季日光温室种植。

【栽培要点】

1. 栽培方式　每 667 平方米栽植 2 000～2 300 株。高垄双行,垄面宽 100 厘米左右,垄高 15 厘米,株距 40～45 厘米。定植前施足基肥。

2. 环境调控

(1)温度　缓苗期白天气温保持 28℃～30℃,夜间为 17℃～18℃,地温为 18℃～23℃。缓苗后白天气温保持 25℃～28℃,前半夜为 15℃～17℃,后半夜为 10℃～13℃。

(2)湿度　注意通风排湿,棚室内空气相对湿度不超过 80%。

3. 肥水管理　第一穗果实膨大前,严格控制浇水,以防止徒长。如特别干旱,可在膜下暗浇小水。当第一花序果实如核桃大小,第三花序花蕾刚开花时,开始浇水施肥,每 10～15 天浇 1 次,每次每 667 平方米结合灌水冲施尿素或磷酸二铵 10～15 千克。如有条件,冬季尽量使用日晒温水浇灌。浇水后,白天加强通风,尽可能降低温室内的空气相对湿度,以防止病害发生。

4. 植株调整

(1)吊架 当植株高达 25 厘米时,及时用尼龙绳吊架引蔓。

(2)整枝 单秆整枝。第六至第八穗花上方留 2 片叶摘心,每穗留果 6～8 个。

(3)保花保果 用 25～50 毫克/千克番茄灵处理花朵。蘸花时,加入 0.2%速克灵溶液防治灰霉病和霉心病,并做好红色标记,以防止重蘸、漏蘸。

5. 病虫害防治 在整个生长季中,注意预防叶霉病、早疫病、晚疫病、灰霉病、蚜虫、温室白粉虱和美洲斑潜蝇等。

五十三、奇诺亚(CHENOA F1)

【品种来源】 由北京天地园种苗有限公司从荷兰安莎种子集团公司(ENZA ZADEN)引进。

【特征特性】 为无限生长型。植株生长旺盛,坐果率高。单果重 130～150 克。果实硬度好,红亮色。可整序采收。抗烟草花叶病毒病、番茄斑枯病毒病、番茄黄叶卷缩病毒病、黄萎病及枯萎病。适合春、秋季日光温室种植。

【栽培要点】

1. 栽培方式 每 667 平方米栽植 2 100～2 300 株。高垄双行,垄面宽 100 厘米左右,垄高 15 厘米,株距 40～50 厘米。定植前施足基肥。

2. 环境调控

(1)温度 定植初期密闭大棚保温,缓苗后白天保持25℃左右,夜间为15℃,不低于10℃;开花结果期白天为22℃～26℃,夜间为13℃～17℃。

(2)湿度 棚室内湿度高,应采用膜下滴灌,施药提倡使用烟熏剂。

3. 肥水管理 第一穗果实膨大前,严格控制浇水,以防止徒长。如特别干旱,可在膜下轻浇暗水。当第一花序果实如核桃大小,第三花序花蕾刚开放时,开始浇水施肥,每10～15天浇1次,每次每667平方米结合灌水冲施尿素或磷酸二铵12～15千克。浇水后,白天加强通风,尽可能降低温室内的空气相对湿度,以防止病害发生。

4. 植株调整

(1)吊架 当植株高达25厘米时,及时用尼龙绳吊架引蔓。

(2)整枝 单秆整枝。第六至第八穗花上方留2片叶摘心,每穗留果5～8个。

(3)保花保果 用25～50毫克/千克番茄灵处理花朵。蘸花时,加入0.2%速克灵溶液防治灰霉病和霉心病,并做好红色标记,以防止重蘸、漏蘸。蘸花时,注意只蘸开有3～4朵花的花穗。

5. 病虫害防治 在整个生长季中,注意防治叶霉病、早疫病、晚疫病、灰霉病和蚜虫、温室白粉虱、美洲斑潜蝇等。

五十四、凯莱(KALLY F1)

【品种来源】 从瑞士先正达(SYNGENTA)种子公司引进。

【特征特性】 为无限生长型。在低温条件下坐果良好。果实均匀,色泽红艳,味道鲜美。单果重 180～210 克。果实硬,耐贮运。抗番茄花叶病毒病、黄萎病、镰刀菌枯萎病、根腐病及根结线虫病。

【栽培要点】

1. 栽培方式 每 667 平方米定植 1900～2 000 株。高垄双行,垄面宽 100 厘米左右,垄高 15 厘米,株距 40～50 厘米。定植前施足基肥。

2. 环境调控

(1)温度 定植初期白天温度保持在 20℃～30℃,缓苗后白天温度保持在 20℃～25℃,夜间为 15℃左右,以利于开花坐果。结果期白天为 20℃～25℃,前半夜为 13℃～15℃,后半夜为7℃～10℃;地温为 18℃～20℃,一般不低于 15℃。

(2)光照 适当早揭晚盖草苫,以保证充足光照;覆盖长寿无滴膜,以改善光照;张挂反光幕,补充光照。

3. 肥水管理 采用膜下暗灌。第一穗花开花前不轻易浇水,若植株显示旱象时只少量浇水。当第三穗花开花时,正值第一穗果进入膨大期,此时开始浇水,要求水量渗入表土15 厘米;结合浇水,每 667 平方米用尿素 15 千克溶化于水中灌入暗沟。以后每穗果坐住后,均随水施少量化肥。深冬季节,植株和果实生长缓慢,浇水要适当控制。生长后期,植株开始衰老,每隔5～7天叶面喷施0.3%磷酸二氢钾和0.3%尿素混合液。

4. 植株调整

(1)吊架　6～7片叶时,用聚丙烯塑料绳吊架引蔓。

(2)整枝　单秆整枝,当侧枝长至10～15厘米长时全部摘除。每穗留果4～6个。

(3)保花保果　在花期振动植株或摇动花序进行人工辅助授粉。在人工辅助授粉的基础上,用30毫克/千克番茄灵处理花序,保花保果效果最好。

5. 病虫害防治　主要加强对晚疫病、叶霉病、病毒病和美洲斑潜蝇、白粉虱的防治。

五十五、艾玛810(YUVAL 810 F1)

【品种来源】　由山东省寿光乐义农业科技有限公司从以色列艾玛种子公司(ERMA ZADEN EXPORT B. V.)引进。

【特征特性】　为无限生长型。生长势强。果实扁圆形,具有诱人的鲜红色,果实大小均匀。单果重160～260克。果实风味好,商品性极好。硬度大,货架期长,耐贮运。在低温条件下坐果能力高,抗病性强。

【栽培要点】

1. 栽培方式　每667平方米定植1800～2000株。高垄双行,垄面宽100厘米左右,垄高15厘米,株距40～50厘米。定植前施足基肥。

2. 环境调控

(1)温度　定植初期白天温度保持在28℃～30℃,缓苗后白天保持在 25℃,夜间为 15℃左右,地温为 18℃～20℃,一般不低于 15℃。结果期白天温度保持在 20℃～25℃,前半夜为 13℃～15℃,后半夜为 10℃左右。

(2)光照　选用新塑料薄膜覆盖,并要经常清洁塑料薄膜。适当稀植,以增强单株光照。张挂反光幕。适当早揭晚盖草苫。

3. 肥水管理　定植后 3～4 天浇缓苗水,坐果前期一般不浇水。当第一穗果坐住、果实膨大到鸡蛋大小时开始浇水,每 667 平方米随水冲施尿素 10～15 千克。在第一穗果直径长到 8 厘米左右,果由青变白时,浇 1 次水;同时每 667 平方米施尿素 15 千克,磷酸二氢钾 10 千克。在第一穗果采收前 2～3 天,第二穗果正在膨大时,浇 1 次水,每 667 平方米随水追施三元复合肥 15～20 千克。以后追肥浇水视植株长势而定,一般每隔 7～10 天浇 1 次水,适当追施磷、钾肥。

4. 植株调整

(1)吊架　第一花序开花时,用聚丙烯塑料绳吊架引蔓。

(2)整枝　单秆整枝,即只保留主秆生长结果,摘除全部叶腋内的侧枝。打杈应在侧枝长到 6～7 厘米长时进行。每株留 6～8 穗果,每穗留果 4～6 个。

(3)保花保果　为防止落花,可使用 2,4-D 或番茄灵(防落素)蘸花处理。

5. 病虫害防治　主要加强对病毒病、叶霉病、早疫病和温室白粉虱的防治。

五十六、艾玛833(YUVAL 833 F1)

【品种来源】 由山东省寿光乐义农业科技有限公司从以色列艾玛种子公司(ERMA ZADEN EXPORT B. V.)引进。

【特征特性】 为无限生长型。生长健壮,中早熟。连续坐果能力高,每穗平均结果4～5个,节间短。果实大小均匀,平均单果重160～280克。果实外皮鲜红,富有光泽,果形扁圆,在低温条件下着色均匀。无畸形果、空洞果、裂果等番茄生理病害,果实硬度大,货架期长,商品性好。植株耐低温,高抗病毒病、青枯病、灰霉病及叶霉病,抗根结线虫病。

【栽培要点】

1. 栽培方式 每667平方米定植1800～2000株。大小行定植,大行距80厘米,小行距70厘米,株距40～50厘米。定植前施足基肥。

2. 环境调控

(1)温度 定植初期白天适宜温度为28℃～30℃,缓苗后白天温度控制在20℃～25℃,夜间温度为15℃左右,以利于开花坐果。结果期以后,白天温度保持在20℃～25℃,前半夜为13℃～15℃,后半夜为7℃～10℃;地温为18℃～20℃,一般不低于15℃。

(2)湿度 忌大水漫灌,宜小水勤浇。低温高湿季节,应尽可能加强通风排湿,以减少发病机会。

3. 肥水管理 定植时浇足定植水,以后浇小水1～2次。缓苗后施1次提苗肥,每667平方米施绿国宝生物复合肥10～15千克。从第一穗果至第五穗果坐住,约每15天随水施肥 1 次,每 667 平方米追施狮马复合肥 10~15 千克。在果实采收期间,每隔 15~20 天随水追肥 1 次,每次每 667 平方米追施绿国宝冲施肥 10~15 千克。

4. 植株调整

(1)吊架　第一花序开花时,用聚丙烯塑料绳吊架引蔓。

(2)整枝　单秆整枝,摘除全部叶腋内的侧枝。打杈应在侧枝长到 10~15 厘米时进行。每株留 6~10 穗果,每穗留果 4~5 个。

(3)保花保果　用 30 毫克/千克番茄灵,或 20 毫克/千克 2,4-D,或番茄丰产剂 2 号 50 倍液处理花序。

5. 病虫害防治　生长期间注意预防早疫病、晚疫病、灰霉病、病毒病和斑潜蝇、蚜虫。

五十七、利玛 217(LIMA217 F1)

【品种来源】　由日本米克多(MIKADO)国际种业有限公司从法国利玛—格林集团引进。

【特征特性】　为无限生长型。中早熟。果实圆球形,单果重 180~220 克。成熟果实亮红色,无绿果肩,萼片大而伸展,果形美观。果肉厚,风味佳。果实硬度大,耐贮运,货架期较长,商品性好。持续坐果能力强,后期植株不早衰。抗病能力强,抗灰霉病、病毒病,高抗根结线虫病。适于温室和大棚秋延迟和冬、春季栽培。

【栽培要点】

1. 栽培方式　每 667 平方米定植 1 800 株左右。高垄双行,垄面宽 100 厘米左右,垄高 15 厘米,株距 40~50 厘米。

定植前施足基肥。

2. 环境调控

(1)温度　定植初期一般不通风,白天温度控制在30℃～35℃,以利于缓苗。缓苗后白天为 20℃～25℃,夜间为 15℃左右,以利于开花坐果。结果期以后,白天为 20℃～25℃,前半夜为 13℃～15℃,后半夜为 7℃～10℃;地温为 18℃～20℃,一般不低于 15℃。

(2)光照　选用新塑料薄膜覆盖,并要经常清洁塑料薄膜。适当早揭晚盖草苫。有条件的地方,在连续阴雨天气时可采取人工补光。

3. 肥水管理　浇足定植水。缓苗后要控制浇水,一直到第一花序开花坐果之前不轻易浇水。若植株干旱时,只少量浇水。第一穗果长到核桃大小时开始追肥、浇水。每隔 15 天随水施肥 1 次,每次每 667 平方米施硝铵 5～10 千克,绿国宝生物冲施肥10～15 千克。在果实采收期间,每隔 15～20 天随水追肥 1 次,每次每 667 平方米随水冲施酵素菌冲施肥15～20 千克。

4. 植株调整

(1)吊架　第一花序开花时用聚丙烯塑料绳吊架引蔓。

(2)整枝　单秆整枝,侧枝长到 6～7 厘米长时全部摘除。每株留 6～8 穗果,每穗留果 4～6 个。

(3)保花保果　一般选用浓度为 50 毫克/千克番茄灵,或20 毫克/千克 2,4-D 处理花序。

5. 病虫害防治　主要加强对晚疫病、病毒病、蚜虫和温室白粉虱的防治。

五十八、利玛 332(LIMA332 F1)

【品种来源】 由日本米克多(MIKADO)国际种业有限公司从法国利玛—格林集团引进。

【特征特性】 为无限生长型。中早熟。果实圆形。平均单果重 200～220 克。成熟果实大红色,无果肩,萼片大而伸展,果形美观。果肉厚,风味佳。果实硬度大,耐贮运,货架期较长,商品性好。持续坐果能力强,后期植株不早衰。高抗根结线虫病和灰霉病。适于早春、越夏栽培。

【栽培要点】

1. 栽培方式 每 667 平方米定植 1 600～1 800 株。高垄双行,垄面宽 100 厘米左右,垄高 15 厘米,株距 40～50 厘米。定植前施足基肥。

2. 环境调控

(1)温度 从定植后至缓苗前,一般要保持高温缓苗,白天气温控制在 28℃～30℃,夜间为 15℃～18℃;缓苗后,白天为 23℃～27℃,夜间为 12℃～15℃;开花结果期白天为 22℃～26℃,夜间为 10℃～15℃。阴雨天,夜间温度可降至 8℃～10℃。

(2)湿度 采用滴灌和地膜覆盖减少土壤水分蒸发,在外界气温较高时,早晚可进行通风排湿。外界气温低时,主要采取减少灌水,先提高室温、后适当通风的措施来降湿。

3. 肥水管理 浇足定植水。缓苗后要控制浇水,一直到第一花序开花坐果之前不轻易浇水。若植株干旱时可轻浇水。第一穗果长到核桃大小时开始追肥、浇水。每隔 15 天随水施肥1次,每次每667平方米施硫酸钾复合肥10～15千克。在果实采收期间,每隔15～20天随水追肥1次,每次每667平方米随水冲施酵素菌冲施肥15～20千克。

4. 植株调整

(1)吊架　第一花序开花时,用聚丙烯塑料绳吊架引蔓。

(2)整枝　单秆整枝。可留7～8穗果掐头,以后每2～3穗果掐头1次。为提前换茬,也可留7～10穗果后掐头集中采收。一般以第一穗果留4个,第二穗果以上留6个为好。

(3)保花保果　通常用10～20毫克/千克2,4-D蘸花柄,以蘸当天开放的花为好。

5. 病虫害防治　主要加强对晚疫病、灰霉病、蚜虫和白粉虱的防治。

五十九、卡依罗(CAIRO F1)

【品种来源】　由山东省寿光市西方种子连锁店从荷兰维特国际种业有限公司(WESTERN SEED)引进。

【特征特性】　为无限生长型。中熟。植株长势旺盛,叶色深绿。生育期可达10个月以上。果形圆正,深红亮丽,每穗5～7个果。单果重200～225克。连续坐果能力强,每株可达25穗以上。耐开裂,果实商品性能好,风味佳,货架期为3周。硬度高,耐运输。抗多种病毒引起的病毒病。适于越冬温室、越夏大棚及早春提前栽培。

【栽培要点】

1. 栽培方式　按大行距90厘米、小行距60厘米起垄栽培,株距40厘米。每667平方米定植2 000～2 200株。定植前施足基肥。

2. 环境调控

(1)温度　从定植后至缓苗前,白天气温为 28℃～30℃,夜间为 15℃～18℃;缓苗后,白天为 23℃～27℃,夜间为 12℃～15℃;开花结果期白天气温为 25℃～29℃,夜温为 10℃～15℃。

(2)光照　采用透光性好的耐候功能膜。冬、春季应保持膜面清洁,在日光温室后墙张挂反光幕,以尽量增加光照强度和时间。夏、秋季适当遮阳降温。

3. 肥水管理　定植后 7 天浇 1 次缓苗水,以后控制水肥,以防止秧苗徒长。当第一穗果长到 3～4 厘米大小时,结束蹲苗,开始追肥、浇水。小行距浇水,每隔 5～10 天浇 1 次,最好在早上浇水。结合浇水,每隔 1 次浇水追施 1 次肥,每次每 667 平方米施尿素 10 千克,磷酸二铵 10 千克,硫酸钾 5 千克。在花期用 0.02% 硼砂进行 2 次根外追肥。

4. 植株调整

(1)吊架　及时搭架,用尼龙绳吊架引蔓。

(2)整枝　单秆整枝,每株留 7 穗果掐头。第一穗果留 4～5 个,第二穗以上留果 5～7 个。

(3)保花保果　用毛笔蘸沈阳 2 号或保果灵药液涂抹花柄,注意防止蘸花药液浓度过高。

5. 病虫害防治　卡依罗番茄抗病害能力很强。但仍需注意防治叶霉病、晚疫病和蚜虫、白粉虱。

六十、佳丽（GARRY F1）

【品种来源】 由山东省寿光市西方种子连锁店从荷兰维特国际种业有限公司（WESTERN SEED）引进。

【特征特性】 为无限生长型。中熟。植株长势旺盛，叶色深绿。果扁圆形，深红亮丽。每穗4～6个果。单果重150～200克。连续坐果能力强。果实商品性能好，风味佳，口感好。货架期为7周。硬度高，耐运输。抗多种病毒引起的病毒病、抗枯萎病和根结线虫病。适宜越冬温室、秋延迟、早春提前栽培及越夏栽培。

【栽培要点】

1. 栽培方式 按大行距100厘米、小行距75厘米起垄栽培，株距40厘米。每667平方米定植2 000～2 200株。定植前施足基肥。

2. 环境调控

(1)温度 从定植后至缓苗前白天适温为28℃～30℃，夜间为18℃～20℃；缓苗后白天适温为23℃～27℃，夜间为12℃～15℃；从开花坐果至成熟期白天为25℃～28℃，夜间为12℃～16℃。

(2)湿度 采用地膜覆盖、膜下浇水等措施减少土壤水分蒸发，并注意适时通风排湿。

3. 肥水管理 定植后浇缓苗水，开花坐果期后视墒情可在沟内灌大水1次。当第二穗果坐住时在膜下暗灌1次，以后根据植株长势及坐果与果实膨大情况适时灌水。第一穗果开始采收后，要结合灌水进行追肥，每次每667平方米追施尿素 10 千克或磷酸二铵 25 千克。追肥可随水施入或穴施后灌水均可。全生育期共追肥 6～8 次。

4. 植株调整

(1) 吊架   及时搭架,用尼龙绳吊架,让蔓在绳上攀缘,人工辅助绕蔓。当植株长到棚顶时,及时打顶或放蔓盘蔓,以利于不断生长。

(2) 整枝   单秆整枝。当番茄果实定型后,一定要疏果,一般以第一穗果留 4 个、第二穗果以上留 6 个为宜。

(3) 保花保果   通常用 10～20 毫克/千克 2,4-D 蘸花柄,以蘸当天开放的花为好。

5. 病虫害防治   主要加强对病毒病、灰霉病、晚疫病和蚜虫、美洲斑潜蝇、温室白粉虱的防治。

六十一、杰瑞(JERRY F1)

【品种来源】   由山东省种子总公司从以色列泽文公司(ZERAIM GEDERA)引进。

【特征特性】   为无限生长型。生长势强,低温条件下坐果能力强,产量高,生长快,抗病性强。果实大,扁圆形,大红色。单果重 200～400 克。果肉非常结实,货架期长。可进行秋延迟、越冬、早春大棚等多茬次栽培。

【栽培要点】

1. 栽培方式   每 667 平方米定植 1 800～2 000 株。采用大、小行定植,大行距 80 厘米,小行距 70 厘米,株距 40～45 厘米。定植前施足基肥。

2. 环境调控

(1)温度　定植初期白天温度保持 28℃～30℃,缓苗后白天温度控制在 20℃～25℃,夜间温度为 15℃左右,以利于开花坐果。进入结果期以后,白天温度保持在 20℃～25℃,前半夜 13℃～15℃,后半夜为 7℃～10℃;地温 18℃～20℃,一般不低于 15℃。

(2)光照　在温室的后墙和两侧山墙上张挂反光幕,以增强温室后部和山墙处的光照。此外,要经常清扫薄膜上的灰尘,每天尽量早揭晚盖草苫。

3. 肥水管理　定植时浇透底水后,隔 3～5 天再浇 1 次缓苗水,直到第一穗果长至核桃大小时再浇水。以后每隔 10～15 天浇 1 次水,每坐一穗果要追施 1 次肥。追肥以磷、钾肥为主,每 667 平方米施磷酸二铵 10 千克,硫酸钾复合肥 15 千克。生育前期主要采取地膜下暗灌,生育后期大通风时,才可在全部沟内灌水。

4. 植株调整

(1)吊架　缓苗后用绳吊架引蔓。

(2)整枝　单秆整枝,及时去掉侧枝。及时绕秧,使植株有序地生长。一般每株留 7～8 穗果,最后一穗留 2 片叶打顶。一般情况下第一花序留 4～5 个果,第二至第八个花序留 5～6 个果。

(3)保花保果　当每穗花开到 3～4 朵时,选用农大丰产剂 2 号或 CPM 丰收素,按说明书对水后配成药液进行喷花。

5. 病虫害防治　虫害主要有蚜虫和白粉虱,主要病害有筋腐病、晚疫病、灰霉病、叶霉病和病毒病,采用相应药剂及早防治。

六十二、多菲亚(TROHFEO F1)

【品种来源】 由山东省种子总公司从以色列泽文公司(ZERAIM GEDERA)引进。

【特征特性】 为无限生长型。植株长势旺盛。果实圆形,成熟后鲜红色,无青皮果和青肩果。果实大小均匀且光滑。单果重 190～210 克。完全成熟后可在常温下存放 20 天而不变软。口感好,品质佳。极耐贮运。抗病性强,尤其抗根结线虫病。适于越冬日光温室栽培。

【栽培要点】

1. 栽培方式 行株距为 80～100 厘米×50 厘米,每 667 平方米保苗 1 600～1 800 株。定植前施足基肥。

2. 环境调控

(1)温度 从定植后至缓苗前,一般要保持高温缓苗,白天最适气温为 28℃～30℃,夜间为 15℃～18℃;缓苗后,白天为 23℃～27℃,夜间为 12℃～15℃。开花结果期,白天为 22℃～26℃,夜间 10℃～15℃。

(2)光照 日光温室要使用聚氯乙烯无滴膜。及时清扫棚膜上的草屑和尘土。在保温的前提下,尽量早揭晚盖草苫。

3. 肥水管理 从定植至第一穗果坐住,施 1 次提苗肥,每 667 平方米施磷酸二铵 15～20 千克,浇小水 1～2 次。从第一穗果至第五穗果坐住,每隔 15 天随水施肥 1 次,每次每 667 平方米随水冲施绿国宝冲施肥 8～10 千克。在果实采收期间,每隔 15～20 天随水追肥 1 次,每次每 667 平方米追施白加黑冲施肥 10～15 千克。

4. 植株调整

(1)吊架 植株生长到一定高度后及时用绳吊架引蔓。

(2)整枝 单秆整枝,只保留主茎。当侧枝长至6～7厘米时全部摘除。每株留6～10穗果,每穗留果3～5个。

(3)保花保果 用番茄灵或番茄丰产剂2号(保果宁2号)按说明书要求用微型喷雾器向花序上直接喷布。

5. 病虫害防治 在整个生育期内注意防治晚疫病、灰霉病和美洲斑潜蝇等。

六十三、乐家(NOGA F1)

【品种来源】 由北京东升农业技术开发有限公司从以色列泽文公司(ZERAIM GEDERA)引进。

【特征特性】 为无限生长型。单果重180～220克。果实色泽极佳,深红色,色泽艳丽,果实大小均匀。果肉结实,极耐贮运。在室温为20℃的条件下,可保存15～20天。耐高温、低温能力强,抗各种常见病害,增产潜力极大。适宜秋延迟、越冬及早春茬保护地栽培。

【栽培要点】

1. 栽培方式 每667平方米定植2 200株。大、小行定植,大行距80～100厘米,小行距50～60厘米,株距40厘米。

2. 环境调控

(1)温度 定植初期白天适宜温度为32℃,最高不超过35℃。缓苗后,上午尽量使温度升高到30℃,31℃开始通风降温,夜间温度为15℃左右,以利于开花坐果。结果期以后,白天温度保持在25℃～30℃,前半夜为13℃～15℃,后半夜为 7℃～10℃；地温 18℃～20℃，一般不低于 15℃。

（2）光照　覆盖新塑料薄膜，并要经常保持薄膜清洁。采用白色地膜覆盖，白色地膜既增温，又可增加光照。深冬季节张挂反光幕，适当早揭晚盖草苫，以增加光照时间。

3. 肥水管理　从定植至第一穗果坐住，施 1 次提苗肥，每 667 平方米施绿国宝生物复合肥 10～15 千克，浇小水 1～2 次。当第一穗果长到核桃大小，第二穗果坐住时结束蹲苗，浇催果水，施催果肥。每隔 15 天随水施肥 1 次，每次每 667 平方米追施绿国宝冲施肥 5～10 千克。在果实采收期间，每隔 15～20 天随水追肥 1 次，每次每 667 平方米追施绿国宝冲施肥 10～15 千克。

4. 植株调整

（1）吊架　第一花序开花时用聚丙烯塑料绳吊架引蔓。

（2）整枝　单秆整枝，只保留主秆生长结果，摘除全部叶腋内的侧枝。采收 6 穗果后，可进行掐头处理。为保证植株生长健壮，打杈应在侧枝为 10～15 厘米长时进行。

（3）保花保果　在每穗花有 3～4 朵开花时，用沈农番茄丰产剂 2 号按使用说明书要求蘸整个花序，以防止落花，并促进果实膨大，减少畸形果，提高产量。

5. 病虫害防治　主要加强对病毒病、晚疫病、白粉虱的防治。

六十四、阿兰卡(ARANCA F1)

【品种来源】　由北京天地园种苗有限公司从荷兰安莎种子集团公司(ENZA ZADEN)引进。

【特征特性】 为无限生长型,植株生长势强,坐果率高。小型果。单果重35～40克。果实颜色红亮,整序采收。抗烟草花叶病毒病、叶霉病、黄萎病及枯萎病。适合春、秋季日光温室种植。

【栽培要点】

1. 栽培方式 每667平方米栽植2 300～2 500株。高垄(畦)双行,垄面宽100厘米左右,垄高15厘米,株距35～40厘米。定植前施足基肥。

2. 环境调控

(1)温度 缓苗期间白天温度保持25℃～30℃。从缓苗后到结果前,白天适宜温度为22℃～25℃,夜间为13℃～15℃。进入结果期白天温度为22℃～28℃,夜间为15℃～18℃。冬季保护地生产由于受各方面条件限制,地温尽量不低于15℃。

(2)光照 覆盖长寿无滴膜,及时清扫棚膜上的碎草和尘土。在保温的前提下,尽量早揭晚盖草苫。

3. 肥水管理 第一穗果实膨大前严格控制浇水,以防止徒长。如特别干旱,可在膜下轻浇暗水。当第一穗果如核桃大小,第二穗果坐住时,开始浇水施肥。每隔10～15天浇1次,每次每667平方米结合灌水冲施尿素或二磷酸铵10～15千克。冬季如有条件,尽量使用日晒温水浇灌。浇水后,白天加强通风。

4. 植株调整

(1)吊架 当植株高达15厘米时,及时用尼龙绳吊架引蔓。

(2)整枝 单秆整枝。在第十至第十四穗花上方留2片叶摘心。每穗留果12～16个。

(3)保花保果　用25～50毫克/千克番茄灵溶液处理花朵。

5. 病虫害防治　在整个生长季中,注意防治早疫病、晚疫病、灰霉病和蚜虫、温室白粉虱、美洲斑潜蝇等。

六十五、金佳丽(DURINTA F1)

【品种来源】　由山东省寿光市西方种子连锁店从荷兰维特国际种业有限公司(WESTERN SEED)引进。

【特征特性】　为无限生长型。中熟。植株长势旺盛,叶色深绿。果实扁圆形,深红亮丽。单果重150～200克。连续坐果能力强。果实商品性能好,风味佳。货架期3周。硬度高,耐运输。抗烟草花叶病毒病、枯萎病和黄萎病。适宜越冬温室、秋延迟、早春提前栽培及越夏栽培。

【栽培要点】

1. 栽培方式　每667平方米栽植2 000～2 200株。高垄双行,垄高15厘米,垄面宽100厘米左右,株距40～50厘米。定植前施足基肥。

2. 环境调控

(1)温度　定植后5～7天内不通风,以提高棚内温度,促进缓苗。缓苗后,白天温度保持在20℃～25℃,超过25℃时进行通风,降到20℃时闭风,15℃左右覆盖草苫;前半夜保持15℃以上,后半夜保持10℃～13℃。进入结果期后,白天保持25℃～28℃,夜间10℃～13℃。

(2)光照　覆盖长寿无滴膜,及时清扫棚膜上的碎草和杂物。尽量早揭晚盖草苫。

3. 肥水管理 从缓苗后至第一穗果膨大时期,一般不追肥浇水,连续中耕 2～3 次,每次间隔 5～7 天。第一穗果实如核桃大小时,开始追肥浇水,每 667 平方米可顺水冲施尿素 10～15 千克。待第二穗果实膨大时,每 667 平方米顺水冲施复合肥 30 千克,应暗沟浇水,水量不宜大,以不积水为宜。每次浇水后要加强通风,以降低湿度。结果期进行叶面追肥。

4. 植株调整

(1)整枝 采取一秆半整枝,摘除下部第一至第三片老叶和侧枝,只留第一花穗下面的侧枝,主枝留 4～5 穗花掐头,侧枝留 2 穗花掐头。每穗留果 3～7 个。

(2)保花保果 在花期用 25～30 毫克/千克防落素溶液喷花或涂抹花柄。

5. 病虫害防治 在整个生长季中,注意防治叶霉病、早疫病、晚疫病、灰霉病、根结线虫病和蚜虫、温室白粉虱、美洲斑潜蝇等。

六十六、美丽(YAMILE F1)

【品种来源】 由山东省寿光市西方种子连锁店从荷兰维特国际种业有限公司(WESTERN SEED)引进。

【特征特性】 为无限生长型。中熟。植株长势旺盛,叶色深绿。果实扁圆形,深红亮丽。单果重 150～230 克。果实商品性能好,风味佳。货架期 7 周。硬度高,耐运输。抗病毒病、枯萎病和黄萎病。适宜越冬温室、秋延迟、早春提前栽培及越夏栽培。

【栽培要点】

1. 栽培方式 每 667 平方米栽植 2 000～2 300 株。高垄双行,垄高 15 厘米,垄面宽 100 厘米左右,株距 40～50 厘米。定植前施足基肥。

2. 环境调控

(1)温度 缓苗期加强保温,白天大棚内保持 28℃～30℃,夜间为 18℃～20℃;缓苗后,温度可略低,白天为 23℃～26℃,夜间为 15℃～17℃;开花结果期白天为 25℃～28℃,夜间为 12℃～15℃。

(2)湿度 适宜空气相对湿度为 50%～65%,可通过通风换气等措施加以控制和调节。深冬季节忌大水漫灌,宜小水勤浇。

3. 肥水管理 定植后 3～4 天内浇 1 次缓苗水,以后控制水肥,以防秧苗徒长。若特别干旱时,只能膜下暗浇小水。当第一花序坐果后,结束蹲苗,开始追肥浇水。小行距浇水,每隔 5～10 天浇 1 次,最好在早上浇。结合浇水,每隔 1 次浇水追施 1 次肥,一般每 667 平方米施氮磷钾复合肥 15～20 千克。盛果期每隔 6～7 天喷 1 次有机腐殖酸液肥,连喷 2～3次。

4. 植株调整

(1)吊架 及时搭架,用尼龙绳吊架引蔓。

(2)整枝 单秆整株,每株留 5～6 穗果,每穗留果 4～6个,以保持果实大小均匀。

(3)保花保果 选用番茄灵保花保果,适宜浓度为 25～30 毫克/千克,将开有 4～6 朵花的花穗在药液中浸蘸一下,然后用小碗接住从花序上滴下的药液。

5. 病虫害防治 重点加强对青枯病、溃疡病等细菌性病害的防治。

六十七、秀丽(SHIRLEY F1)

【品种来源】　由山东省种子总公司从以色列泽文公司(ZERAIM GEDERA)引进。

【特征特性】　为无限生长型。早熟。植株长势旺,耐低温、弱光性强。果实扁圆形,大红色,口感佳,适合鲜食。果实无青肩,色泽鲜艳而均匀。果肉厚且硬度大,极耐贮运,常温下贮藏20天左右不变软。果实大小一致,整齐度高。单果重170~190克。商品性极佳。抗枯萎病、烟草花叶病毒病和叶霉病等病害。适合越冬大棚秋冬茬、冬春茬以及早春茬和秋延迟等形式栽培。

【栽培要点】

1. 栽培方式　定植前施足基肥。采取大小行高垄栽培,垄高15厘米,大行距80厘米,小行距60厘米,株距45厘米,每667平方米栽2 000株。

2. 环境调控

(1)温度　从定植后至缓苗前,一般要保持高温缓苗,白天气温为28℃~30℃,夜间为15℃~18℃;缓苗后,白天气温为23℃~27℃,夜间为12℃~15℃。开花结果期,白天为22℃~26℃,夜间为12℃~15℃;果实膨大期,白天为25℃~28℃,夜间为15℃~17℃,地温为18℃~22℃;果实转色期,白天为25℃~30℃,夜间为17℃~18℃。

(2)光照　日光温室要使用聚氯乙烯无滴膜。在保温的前提下,尽量早揭晚盖草苫。

3. 肥水管理 从定植至第一穗果坐住,施 1 次提苗肥,每 667 平方米施绿营高生态复合肥 10～15 千克,浇小水 1～2 次。从第一穗果至第五穗果坐住,每隔 15 天随水施肥 1 次,每次每 667 平方米施白加黑冲施肥 8～12 千克或绿国宝冲施肥 5～10 千克。在果实采收期间,每隔 15～20 天随水追肥 1 次,每次每 667 平方米追施硫酸钾复合肥 10 千克。

4. 植株调整

(1)吊架 用塑料绳吊架引蔓。

(2)整枝 单秆整枝,只保留主茎,摘除全部叶腋内生长的侧枝,侧枝应在长到 7 厘米长时摘除。每株留 6～8 穗果,每穗留果 3～4 个。

(3)保花保果 选用番茄灵或番茄丰产剂 2 号(保果宁 2 号),用微型喷雾器向花序上直接喷布。

5. 病虫害防治 重点做好早疫病和晚疫病的防治。

六十八、加茜亚(GRAZIELLA F1)

【品种来源】 由山东省种子总公司从以色列泽文公司(ZERAIM GEDERA)引进。

【特征特性】 为无限生长型。生长旺盛。果实扁圆形,单果重 180～200 克。果大小均匀,畸形果少。成熟果实大红色,色泽艳丽而均匀,无锈果现象。果肉厚而硬实,极耐贮运,常温下存放 20 天左右不变软。抗枯萎病、烟草花叶病毒病和叶霉病等病害。耐低温、弱光性强。特别适合越冬茬、冬春茬和早春茬栽培,是外贸出口番茄的首选品种。

【栽培要点】

1. 栽培方式 大、小行起垄栽培,垄高 15 厘米,大行距 90 厘米,小行距 60 厘米,株距 40～45 厘米。每 667 平方米栽 2 000 株。

2. 环境调控

(1)温度 从定植后至缓苗前,白天最适气温 28℃～30℃,夜间为 15℃～18℃;缓苗后,白天为 23℃～27℃,夜间为 15℃～17℃。开花结果期,白天气温为 28℃～30℃,夜间为 13℃～15℃。

(2)光照 覆盖聚氯乙烯无滴膜,每天揭草苫后,要清扫棚膜上的碎草和杂物。在保温的前提下,尽量早揭晚盖草苫。阴天也要卷起草苫。

3. 肥水管理 从定植至第一穗果坐住,挖穴或开沟施 1 次提苗肥,每 667 平方米施绿国宝生物复合肥 15～20 千克,浇水 1～2 次。从第一穗果至第五穗果坐住,约每 15 天随水施肥 1 次,每次每 667 平方米追施绿国宝冲施肥 12～15 千克。在果实采收期间,每隔 15～20 天随水追肥 1 次,每次每 667 平方米追施绿国宝冲施肥 10～15 千克。

4. 植株调整

(1)吊架 用塑料绳吊架引蔓。

(2)整枝 单秆整枝,即只留主枝生长结果,摘除全部叶腋内的侧枝。打杈应在侧枝长到 8～10 厘米长时进行。每株留 6～8 穗果,每穗留果 4～5 个。

(3)保花保果 用浓度为 10～20 毫克/千克 2,4-D 蘸花,以当天或前后一天开放的花朵为宜。

5. 病虫害防治 生长期间注意防治早疫病、顶叶黄化卷曲病毒病、细菌性角斑病和白粉虱。

六十九、卓越(BEATRICE F1)

【品种来源】 由山东省种子总公司从以色列泽文公司(ZERAIM GEDERA)引进。

【特征特性】 为无限生长型。节间短,果穗集中。植株长势强,在植株生长后期,果实仍然较大且大小均匀。单果重190～220克。果实颜色更鲜艳,口感更佳。高抗根结线虫病,适合越冬茬、冬春茬和早春茬栽培,尤其适于土壤线虫病高发的大棚栽培。

【栽培要点】

1. 栽培方式 高垄栽培,垄面宽1～1.1米,每垄栽2行,株距40～50厘米。每667平方米栽植2 000～2 100株。

2. 环境调控

(1)温度 从定植后至缓苗前,白天最适气温为28℃～30℃,夜间为15℃～18℃;缓苗后,白天为23℃～27℃,夜间为12℃～15℃;开花结果期,白天为22℃～26℃,夜间为10℃～15℃。

(2)湿度 空气相对湿度控制在45%～55%为宜,管理上避免浇明水,浇水后及时通风;上午提高室温至28℃以上,下午加大通风量和通风时间,喷药后及时通风排湿。阴天防治病害时用烟雾剂和粉剂,不用水剂喷洒。

3. 肥水管理 从定植至第一穗果坐住,施1次提苗肥,每667平方米施绿营高生态复合肥15～20千克,浇小水1～2次。从第一穗果至第五穗果坐住,每15天随水施肥1次,每次每667平方米随水冲施白加黑冲施肥8～12千克或绿国宝冲施肥 5～10 千克。在果实采收期间,每隔 15～20 天随水追肥 1 次,每次每 667 平方米追施硫酸钾复合肥 10 千克。

4. 植株调整

(1)吊架 当植株高度为 30～40 厘米时,应进行吊架引蔓。

(2)整枝 单秆整枝,只留主茎,摘除全部叶腋内生长的侧枝,侧枝应在长到 7～8 厘米时摘除。每株留 6～8 穗果。

(3)保花保果 用浓度为 10～20 毫克/千克 2,4-D 涂抹当天开放的花朵的花柄,防止药液滴到植株幼叶和生长点上而产生药害。

5. 病虫害防治 每月用美国大生或杜邦易保做 2 次叶面喷雾,可有效预防番茄常见病害。虫害主要是蚜虫和潜叶蝇,用无公害生物农药进行防除。

七十、汉克(HENK F1)

【品种来源】 由山东省种子总公司从以色列泽文公司(ZERAIM GEDERA)引进。

【特征特性】 为无限生长型。长势强,生长期长,连续坐果能力强。果实外形美观,色泽大红。果实扁圆形,果皮光滑,着色均匀。单果重 220～240 克。开花多而整齐,果实大小均匀,果实风味佳。硬度大,极耐贮运。抗病性强,尤其高抗根结线虫病。

【栽培要点】

1. 栽培方式 高垄栽培,垄面宽 100～120 厘米,一般株距 45 厘米,双行定植。每 667 平方米定植 2 000～2 200 株。

2. 环境调控

(1)温度　定植缓苗期应提高室温。缓苗后,白天保持25℃,夜间20℃以下。结果期白天保持25℃,夜间为15℃～17℃,加大昼夜温差,以利于有机物质积累。

(2)湿度　空气相对湿度保持在45％～60％为宜。根据植株长相、气候情况及栽培方式掌握浇水量,尽量避免空气湿度过大。

3. 肥水管理　浇水施肥一般采用膜下灌水带肥或肥水滴灌、穴灌的方法。果实坐住前不浇水,在第一穗果坐住后浇水并施肥,每667平方米施尿素15千克,硫酸钾3～5千克,以后不旱不浇。第三穗果膨大时再追1次肥水,以后每采1穗果,追1次复合肥。

4. 植株调整

(1)搭架　一般用4根竹竿搭成1架或用线绳吊架引蔓。

(2)整枝　单秆整枝,只保留主茎,摘除全部叶腋内生长的侧枝,侧枝应在长约7厘米时摘除。如侧枝摘除过早会抑制根系生长。每株留6～8穗果,每穗留果3～5个。

(3)保花保果　采用2,4-D处理花序,为防止重复喷施、涂抹,在溶液中添红广告色或黑色墨水做标记,用时严格掌握浓度,2,4-D使用浓度一般为10～20毫克/千克。在高温季节或植株长势弱的情况下,使用浓度可稍低些;反之,则高些。

5. 病虫害防治　注意防治叶霉病、病毒病、晚疫病和蚜虫、美洲斑潜蝇等。

七十一、爱利卡(ILIKE F1)

【品种来源】 由山东省种子总公司从以色列泽文公司(ZERAIM GEDERA)引进。

【特征特性】 为无限生长型。中早熟,长势中等。果实大红色,单果重 180～220 克。果肉厚,耐贮运,货架期长。耐低温性较好,适应性强。适宜晚秋及冬、春季保护地栽培。

【栽培要点】

1. 栽培方式 一般栽培行距 75 厘米,株距 35～40 厘米,每 667 平方米可种植 2 200 株左右。定植前施足基肥,并注意增施微量元素肥。

2. 环境调控

(1)温度 定植初期,需要一定的高温,昼温控制在 25℃～28℃,夜温不低于 16℃。从缓苗后至开花坐果期,昼温为 20℃～25℃,夜温不低于 15℃,以利于开花坐果。结果期昼温为 25℃～27℃,夜温为 13℃～15℃。夜温低于要求温度时,应增加覆盖物。

(2)光照 日光温室要使用聚氯乙烯无滴膜。每天揭起草苫后,要清扫棚膜上的碎草和杂物,以提高透光率。尽量早揭晚盖草苫。阴天也要卷起草苫,以增加光照。

3. 肥水管理 从定植至第一穗果坐住,施 1 次提苗肥,每 667 平方米施磷酸二铵 10～15 千克,浇小水 1～2 次。从第一穗果至第五穗果坐住,每隔 15 天随水施肥 1 次,每次每 667 平方米随水冲施白加黑冲施肥 8～12 千克或绿国宝冲施肥 5～10 千克。在果实采收期间,每隔 15～20 天随水追肥 1

次,每次每 667 平方米追施白加黑冲施肥或绿国宝冲施肥 15～20 千克。

4. 植株调整　及时吊线防止倒秧,单秆整枝,去除侧枝,合理绑架或绕秧,使其生长有序,防止造成相互遮挡。每天在棚内湿度较小的情况下,振动花序,实行人工授粉。若夜温低于 10℃,则采用防落素或 10 毫克/千克 2,4-D 溶液逐个点花。为防止重复点花,可在药液中加入适量的红墨水做点花的标记。

5. 病虫害防治　注意防治早疫病、晚疫病等病害。

七十二、樱花(SAKURA F1)

【品种来源】　由北京天地园种苗有限公司从荷兰安莎种子集团公司(ENZA ZADEN)引进。

【特征特性】　为无限生长型。植株长势强健。果实葡萄形,有轻微螺纹,成熟果亮红色,硬实,风味佳。平均单果重 25～30 克,适合整序果采收。抗病性好。抗烟草花叶病毒病、叶霉病和枯萎病。适合保护地栽培。

【栽培要点】

1. 栽培方式　每 667 平方米栽植 2 200 株左右。冬季可起垄栽培,并覆盖地膜。

2. 环境调控

(1)温度　定植后白天温度保持 28℃～32℃,超过 30℃时通风,夜间 18℃～20℃,地温最好在 20℃以上。缓苗后适当降温,白天为 22℃～28℃,夜间为 10℃～15℃。进入结果期,白天温度为 25℃～28℃,前半夜为 15℃～20℃,后半夜为

10℃～15℃,地温保持在18℃～20℃,最低为13℃。

(2)光照　采用透光性好的乙烯—醋酸乙烯多功能薄膜覆盖温室,及时清除膜上灰尘等。日光温室番茄越冬期可在后墙张挂反光幕,以提高光照强度。

3. 肥水管理　除基肥外,从始花至结果期追施3次速效氮肥。第一次在定植后15天左右进行,第二次在定植后35天左右,第三次在第一穗果实采收后。视植株生长情况确定施肥量,一般每667平方米施尿素7.5千克左右。以后随着植株生长,以施用复合肥为宜。该品种对水分要求较高,要经常保持土壤湿润,特别是结果期更应保持土壤湿润,但又忌大水漫灌,过湿容易引发病害。

4. 植株调整

(1)整枝　当植株长至30～40厘米时,插杆绑蔓或吊线牵引。采用多层加连续2层摘心整枝,即保留主干上的花序,留下主干上发出的侧枝,每个侧枝留2个花序,而后在花序之上留2片叶摘心。每序留果12～15个。

(2)保花保果　用20毫克/千克2,4-D涂抹刚开放的花萼及花柄(用红广告色做标记),或将开放较为整齐的花序整序在2,4-D溶液中蘸一下。

5. 病虫害防治　在整个生长期内,注意加强防治灰霉病、青枯病、病毒病和甜菜夜蛾、蚜虫。

七十三、阳光(SUNSTREAM F1)

【品种来源】　由北京天地园种苗有限公司从荷兰安莎种子集团公司(ENZA ZADEN)引进。

【特征特性】 为无限生长型。植株长势旺盛,株型紧凑。果实圆形,成熟果深红色,硬实,风味佳。平均单果重 15～20克。每序可结果 20～22 个,丰产性好。耐裂果。抗烟草花叶病毒病、叶霉病、枯萎病和根结线虫病。适合保护地栽培。

【栽培要点】

1. 栽培方式 做畦或起垄栽培,行距 70～90 厘米,株距30～40 厘米,每 667 平方米定植 2 500～3 000 株。定植前施足基肥。

2. 环境调控

(1)温度 从定植到缓苗期间,为了促进缓苗,温度可适当提高,白天可达到 30℃。从缓苗以后到结果前,白天适宜温度为 22℃～25℃,夜间为 13℃～15℃。结果期白天温度为22℃～28℃,夜间为 15℃～18℃。整个生长发育期间适宜地温为 20℃～25℃,尽量不低于 15℃。

(2)湿度 通过合理浇水及通风换气,使棚室内空气相对湿度保持在 50%～65%,土壤湿度保持在 65%～85%。

3. 肥水管理 从缓苗至初花期适当控制水分,以防止徒长。当第一花穗坐果时,结合追施氮磷钾复合肥浇 1 次水。以后每隔 20 天左右浇水、追肥 1 次,每次每 667 平方米施复合肥 15 千克左右,也可冲施腐熟豆饼水,以提高果实糖度。

4. 植株调整

(1)整枝 单秆整枝。每株留 6～10 穗果,每穗留果18～22 个。同时注意拉线吊蔓。

(2)保花保果 用 15 毫克/千克 2,4-D 溶液逐个蘸花。为防止重复蘸花,可在 2,4-D 溶液中加入适量的红墨水。

5. 病虫害防治 该品种易发生晚疫病、灰霉病等,虫害有蚜虫、白粉虱、蓟马等。注意选用相应的生物农药或低毒农药及早防治。

七十四、莎乐美(SALOMEE F1)

【品种来源】 由北京天地园种苗有限公司从荷兰安莎种子集团公司(ENZA ZADEN)引进。

【特征特性】 为无限生长型。植株长势强健。果实圆形,红色,硬实,味甜,风味佳。花序分枝多,坐果能力强。平均单果重 12～18 克。丰产性好。抗裂果。抗病性强。适合保护地栽培。

【栽培要点】

1. 栽培方式 高畦栽培,每畦实行双行定植,小行距 60 厘米,株距 40 厘米。每 667 平方米定植 2 600 株左右。

2. 环境调控

(1)温度 从定植后至缓苗前,一般要保持高温缓苗,白天气温为 28℃～30℃,夜间为 15℃～18℃;缓苗后,白天为 23℃～27℃,夜间为 12℃～15℃。开花结果期,白天为 22℃～26℃,夜间为 10℃～15℃。

(2)光照 温室采用透光性好的耐候功能膜。冬、春季经常揩擦棚膜,白天揭开保温覆盖物,日光温室后部张挂反光幕,尽量增加光照强度和时间,夏、秋季适当遮阳降温。

(3)湿度 空气相对湿度为 50%～65%,土壤湿度为 65%～85%。忌大水漫灌,宜小水勤浇。并注意加强通风以降低湿度。

3. 肥水管理 定植时浇透底水,3～5 天后再浇 1 次缓苗水,以后控水蹲苗。第一穗果开始膨大时再开始浇水,以后每

隔 10～15 天浇 1 次水,保持土壤湿度为 70%～80%,做到隔
1 次水追 1 次肥,每次每 667 平方米随水冲施复合肥 10～15
千克。灌水时应注意在晴天午前进行;生育前期主要采取窄
行小沟膜下暗灌,以防止空气相对湿度过大;生育后期大通风
时,才可在全部沟内灌水。

4. 植株调整

(1)整枝　当植株长至 30～40 厘米时插杆绑蔓或吊线牵
引。单秆整枝,以减少病虫害,提高产量。一般留 8～10 穗果
打顶。及时摘除老叶、病叶和成熟果穗下方的叶片。

(2)保花保果　用 15 毫克/千克 2,4-D 涂抹刚开放的花
萼及花柄(用红广告色做标记),或将开放较为整齐的整个花
序在 2,4-D 溶液中蘸一下。

5. 病虫害防治　主要注意防治灰霉病、病毒病和白粉
虱、蚜虫等。

七十五、玛丽莉(MARILEE F1)

【品种来源】　由北京天地园种苗有限公司从荷兰安莎种
子集团公司(ENZA ZADEN)引进。

【特征特性】　为无限生长型。植株长势旺盛,株型紧凑。
果实圆形,成熟果深红色,硬实,风味佳。每序花可结果 20 个
以上,丰产性好。平均单果重 15～18 克。抗花叶病毒病、黄
叶卷缩病毒病。适合保护地栽培。

【栽培要点】

1. 栽培方式　高垄栽培,一般垄宽为 120 厘米,定植 2
行,平均行距为 70～80 厘米。每 667 平方米栽植 2 200 株。

定植前施足基肥。

2. 环境调控

(1)温度 定植初期昼温控制在 25℃～28℃,夜温不低于 16℃。缓苗后到开花坐果期昼温为 20℃～25℃,夜温不低于 15℃,以利于开花坐果。结果期昼温为 25℃～27℃,夜温为13℃～15℃。

(2)湿度 忌大水漫灌,宜小水勤浇。室温达到 28℃时通风降湿。

3. 肥水管理 缓苗后要控制浇水,若植株干旱时只少量浇水。当第三个花序开花时,正值第一果穗的果实进入膨大期,选晴天上午从地膜下浇水,约 15 天左右浇 1 次。冬、春季浇水要适当控制。第一穗果坐住后,结合浇水追肥 1 次,每 667 平方米施复合肥 15 千克,溶化于水中灌入暗沟。以后每穗果坐住后结合浇水追施少量化肥。生长后期,植株开始衰老,要多次喷施叶面肥,以保证后期产量。

4. 植株调整

(1)支架 当植株高度为 30～40 厘米时应进行支架引蔓。

(2)整枝 单秆整枝,以减少病虫害,提高产量。一般留 8～10 穗果打顶,并及时摘除老叶、病叶和成熟果穗下方的叶片。

(3)保花保果 用 15 毫克/千克 2,4-D 涂抹刚开放的花萼及花柄(用红广告色做标记),或将开放较为整齐的整个花序在 2,4-D 溶液中蘸一下。

5. 病虫害防治 主要注意防治灰霉病、早疫病、晚疫病和白粉虱、蚜虫等。

七十六、吉娜(SANTALINA F1)

【品种来源】 由山东省寿光市西方种子连锁店从荷兰维特(WESTERN)国际种业有限公司引进。

【特征特性】 为无限生长型。植株生长势强。早中熟。主茎第八至第九节着生第一花序,以后每3~4节着生一花序。每穗可坐15~30个果。单株可坐果12穗。单果重10~20克。果实横径2厘米,果长4~5厘米。果腔小,种子极少。果实红色、艳丽,品质优,耐贮运。耐高温,抗枯萎病和病毒病。适宜露地、保护地栽培。

【栽培要点】

1. 栽培方式 栽植密度根据整枝方式、土壤肥力等确定。一般垄宽150厘米(包括沟),株距30~40厘米,每667平方米定植2 200~3 000株。

2. 环境调控

(1)温度 从定植后至缓苗前,白天气温为28℃~30℃,夜间为15℃~18℃;缓苗后,白天为23℃~27℃,夜间为12℃~15℃。开花结果期,白天为22℃~26℃,夜间为10℃~15℃。

(2)湿度 避免明水漫灌,浇水后及时通风。

3. 肥水管理 浇足定植水,至第一穗花序开花坐果前再浇水。第一穗花坐果后浇第一次大水。结果期需水量大,每隔5~6天浇1次水,要求见干见湿。结合浇水每667平方米追施氮、磷、钾复合肥10千克。第一穗果转色时,每667平方米追施复合肥10千克,以促果实发育,以后每现2穗果时追肥 1 次,每次每 667 平方米追施 10 千克复合肥。

4. 植株调整

(1)整枝 当植株长至 30 厘米时,要插架以防止倒伏。单秆整枝。每株留 12 穗果,每穗留果 15～30 个。

(2)保花保果 一般用 15～25 毫克/千克 2,4-D 药液涂抹花柄,也可用番茄灵 25～50 毫克/千克溶液喷洒花序。使用药液时要避免触及嫩梢嫩叶,以免发生药害。

5. 病虫害防治 注意防治早疫病、晚疫病、灰霉病和白粉虱、蚜虫等。

七十七、营养果(EXOTA F1)

【品种来源】 由山东省寿光市西方种子连锁店从荷兰维特(WESTERN)国际种业有限公司引进。

【特征特性】 为无限生长型。植株生长势强。早中熟。主茎第八至第九节着生第一花序,以后每 3～4 节着生 1 个花序。单株可着 12 个果穗,每穗可结 15～30 个果。单果重 10～20 克。果实横径 2 厘米,果长 4～5 厘米,果腔小,种子极少。果黄色,品质优,耐贮运。耐高温,抗枯萎病和病毒病。适宜露地、保护地栽培。一般每 667 平方米产量可达 2 500～3 000 千克。

【栽培要点】

1. 栽培方式 每垄实行双行定植,大行距 90 厘米,小行距 60 厘米,株距 40 厘米。每 667 平方米定植 2 000 株。

2. 环境调控

(1)温度 缓苗前,一般不进行通风换气,一般温度应保持在 30℃ 左右,但不可高于 35℃,以利于缓苗。缓苗后,昼夜温度均较缓苗前低 2℃~3℃,以促进根部伸展。结果期白天保持在 22℃~28℃,夜间为 18℃~22℃,温度过高或过低都会导致畸形果的产生。

(2)湿度　土壤湿度以 70%~80% 为宜,空气相对湿度以 50%~60% 为宜,不可过高,否则易感病。

3. 肥水管理　定植后第三天浇足 1 次缓苗水,浇后及时排湿,以后每隔 15~20 天浇 1 次水。采收期每采一层果浇 1 次透水。隔 1 次水随水冲施 1 次肥,每次每 667 平方米追硫酸钾复合肥 10~15 千克。

4. 植株调整

(1)吊架　第一个花序开花后及时用尼龙绳吊架引蔓。

(2)整枝　采用双蔓整枝法整枝,即留 1 个主蔓和 1 个健壮侧蔓,同时吊蔓,将其余的侧枝或孙枝全部及时打掉。也可单蔓整枝。每株留 12 个果穗,每穗留果 15~30 个。

(3)保花保果　用 15~25 毫克/千克 2,4-D 涂抹刚开放的花萼及花柄(用红广告色做标记),或将开放较为整齐的整个花序在 2,4-D 溶液中蘸一下。

5. 病虫害防治　主要注意防治灰霉病、病毒病等。

七十八、FA－819（CAMELIA F1）

【品种来源】　从以色列海泽拉优质种子公司(HAZERA GENETICS LTD.)引进。

【特征特性】　为无限生长型。早熟。果实圆形,成熟后红色、亮丽。单果重 15~20 克。果实硬度好,耐贮运。持续结果期长,高温条件下坐果好。抗烟草花叶病毒病、黄萎病和枯萎病。适于棚室保护地秋冬茬、冬春茬、春夏茬和夏秋茬栽培。

【栽培要点】

1. 栽培方式 每 667 平方米栽 2 100～2 500 株。高垄(畦)双行,垄面宽 100 厘米左右,垄高 15 厘米,株距 35～40 厘米。定植前施足基肥。

2. 环境调控

(1)温度 缓苗期间白天温度保持在 28℃～30℃,夜间为 18℃～20℃。从缓苗后至结果前,白天适宜温度为 22℃～25℃,夜间为 13℃～15℃。结果期白天 22℃～28℃,夜间 15℃～18℃。

(2)湿度 整个生育时期,注意通风排湿,空气相对湿度不要超过 80%。

3. 肥水管理 浇足定植水。缓苗后要控制浇水,一直到第一个花序开花坐果前不要轻易浇水,若植株干旱时只少量浇水。第一穗果膨大时开始浇水、追肥。每隔 15 天随水追肥 1 次,每次每 667 平方米施磷酸二铵 15～20 千克。果实采收期间每隔 15～20 天随水追肥 1 次,每次每 667 平方米随水冲施磷酸二铵 10 千克,硫酸钾 10 千克。

4. 植株调整

(1)吊架 第一个花序开花后,及时用塑料绳吊架引蔓。

(2)整枝 单秆整枝。主枝以外的侧枝长到 5～6 厘米时摘除,每株保留 10～14 个果穗。预留花序现蕾时留 2 片叶摘心。

(3)保花保果 花刚开放时用 15～20 毫克/千克 2,4-D 溶液涂抹花萼与花柄。

5. 病虫害防治　在整个生长季中,注意防治叶霉病、晚疫病、灰霉病和蚜虫、温室白粉虱、美洲斑潜蝇等。

七十九、红玉 F1

【**品种来源**】　由山东省青岛黄泷种子有限公司从日本泷井种苗株式会社(TAKII)引进。

【**特征特性**】　为无限生长型。生长旺盛,极早熟。果型优美,果色鲜红,果实转色早。坐果力强,每穗多坐果 20～25 个,单果重可达 10～20 克。果实含糖量高,风味甜美,硬度大,果肉多,耐贮运。抗枯萎病、病毒病。适宜早春栽培。

【**栽培要点**】

1. 栽培方式　按大、小行起垄定植,大行距 100 厘米,小行距 60 厘米,株距 40～45 厘米。每 667 平方米定植 1 600～1 800 株。定植前施足基肥。

2. 环境调控

(1)温度　定植后,白天温度应保持 22℃～25℃,夜间 10℃～15℃。坐果后,白天温度应保持 25℃～28℃,夜间 12℃左右。

(2)光照　温室覆盖乙烯—醋酸乙烯膜,及时清扫棚膜上的碎草和杂物。尽量早揭晚盖草苫。

3. 肥水管理　浇足定植水。缓苗后要控制浇水,一直到第一花序开花、坐果之前不轻易浇水,若植株干旱时只少量浇水。第一穗果膨大时开始追肥、浇水。约每隔 15 天膜下随水施肥 1 次,每次每 667 平方米施硝酸铵 7～10 千克,绿国宝生物冲施肥 10～15 千克。在果实采收期间,每隔 15～20 天随水施肥 1 次。每次每 667 平方米随水冲施磷酸二铵 10 千克，硫酸钾 10 千克。

4. 植株调整 单秆整枝，将叶腋萌发的侧枝全部摘除。每株留 6～10 个果穗，最后一穗花序开花后，在花序之上留 2 片叶摘心。用 25～35 毫克/千克番茄灵蘸花保花保果。

5. 病虫害防治 在整个生长季中，注意预防叶霉病、晚疫病和美洲斑潜蝇、温室白粉虱、蚜虫等。

八十、爱丽 F1

【**品种来源**】 由山东省青岛黄泷种子有限公司从日本泷井种苗株式会社（TAKII）引进。

【**特征特性**】 为无限生长型。中熟。生长势强。结实能力强，每个花序结果 30 个以上。果实鲜红，呈圆球形。单果重 15～20 克。果实糖度高，稳定在 8%～10%，味道甘甜，口感极佳。基本无裂果、脱蒂现象，保鲜性、商品性好。抗枯萎病、病毒病和根结线虫病。

【**栽培要点**】

1. 栽培方式 宽窄行高垄定植，宽行距 90 厘米，窄行距 60 厘米，株距 40～45 厘米。每 667 平方米栽植 2 000～2 200 株。

2. 环境调控

（1）温度 缓苗期温度控制在 25℃～30℃，开花期温度控制在 20℃～25℃，果实生长期温度控制在 22℃～27℃。严冬季节外界气温低，应加强保温措施，及时加盖草苫，必要时可采取加温措施。

(2)湿度　由于棚内湿度大，易感染病害，应加强通风，以降低湿度。也可采用地面覆盖地膜、滴灌等措施降低湿度，使棚内的空气相对湿度保持在80％左右。

3. 肥水管理　缓苗后控制浇水，一直到第一花序开花之前不要轻易浇水，若干旱时只少量浇水。当第二个花序开花坐果后开始浇水，以促使果实发育。每隔10～15天浇水1次，选晴天上午浇水。冬、春季要适当控制浇水。第一穗果坐住后结合浇水追肥1次，每667平方米施尿素15千克，溶化于水中灌入暗沟。以后每穗果坐住后结合浇水追施少量化肥。生长后期，植株开始衰老，要多次喷施叶面肥，以保证后期产量；采用膜下浇水方法，掌握轻浇的原则，不可浇明水，也不能大水漫灌。

4. 植株调整

(1)整枝　单蔓整枝，每株留7个果穗掐头，每穗留果20～30个。

(2)保花保果　在盛花期用400倍液的番茄丰产剂2号喷花。

5. 病虫害防治　在整个生长期中，注意预防叶霉病、早疫病、病毒病和温室白粉虱等。

金盾版图书,科学实用,
通俗易懂,物美价廉,欢迎选购